DIETMAR DAHMEN | MARCUS BOND

TRANSFORMATION.

BAMM!

Management in der Vulkanökonomie

MURMANN

MURMANN PUBLISHERS

Bibliografische Information der Deutschen Nationalbibliothek
Die Deutsche Nationalbibliothek verzeichnet diese Publikation in
der Deutschen Nationalbibliografie; detaillierte bibliografische
Daten sind im Internet über http://dnb.d-nb.de abrufbar.

Illustrationen: Weiran Xie, Illustrator und Webdesigner, Berlin
Druck und Bindung: Livonia Print, Riga

ISBN 978-3-86774-582-6

Besuchen Sie unseren Webshop: www.murmann-verlag.de
Ihre Meinung zu diesem Buch interessiert uns!
Zuschriften bitte an info@murmann-publishers.de
Den Newsletter des Murmann Verlages können Sie anfordern unter
newsletter@murmann-publishers.de

Für unsere Junior-Vulkane
Jasper (Dahmen) und Luke (Bond).
Brennen für alles. Hinterfragen alles.
Rekombinieren, testen, erfinden.
Und wenn mal etwas nicht klappt: Na und!
Neu machen ... WEITERSPIELEN!

hat sogar

Die **SMART LINKS** bringen Sie direkt zu erstklassigen Videos und anderen Internetquellen.
Das erste Managementbuch der Welt, das die
actionList-Technologie von appear2media
einsetzt, Europas führendem Augmented-
Reality-Anbieter. BAMM!

SMART LINKS NUTZEN GEHT EINFACH:

 Die »TRANSFORMATION.BAMM!«-APP
kostenlos bei iTunes beziehungsweise
Google Play downloaden.

 App starten und Handy über die
SMART-LINKS-Bilder im Buch halten.

 ZACK, schon sind Sie mit spannenden
Bonusinhalten im Internet verbunden.

 Text ist super. Video manchmal das
i-Tüpfelchen. Einfach anklicken und
staunen.

Und wenn es bei Ihnen nicht sofort klappt,
fragen Sie Kinder ... oder schauen Sie auf
YouTube: »Timon von Bargen erklärt die

ANGRIFF.

BAMM!

ETABLIERTE UNTERNEHMEN UNTER DRUCK

»Nichts ist spannender als Wirtschaft ...«

... so der Slogan eines großen Wirtschaftsmagazins. Es hatte damit verdammt recht. Ein Knaller folgt dem nächsten: Tigerstaaten: in-out. BRICS-Staaten: in-out. Finanzkrise: in-out. TTIP, Dieselgate, BREXIT, America First – langweilig wird es in der »analogen« globalen Wirtschaft nie.

Aber es herrschen stets die GLEICHEN REGELN. Altbekannte Spieler teilen sich den altbekannten Kuchen in fest zementierten Branchen immer wieder neu auf. Zyklen bringen mal den einen, dann den anderen nach oben. Irgendwie kennen wir das Programm in- und auswendig. Von außerhalb kommt selten jemand ins Spiel. Tigerstaaten gab es schon vorher. BRICS-Staaten gab es schon vorher. Lehman Brothers gab es schon vorher. Es gab kaum richtige Überraschungen.

Das hat sich mit der Digitalisierung sowie den Jungs und Mädels im Silicon Valley maßgeblich geändert. Denn die Spannungen kommen heute immer öfter von Playern außerhalb der bekannten Spielfelder. Bei Dieselgate geht es um Diesel... kennen wir. E-Mobility ist jedoch NEU am Markt (von den vereinzelten E-Autos von vor 100 Jahren mal abgesehen). Und E-Mobility kam richtig fett durch Tesla: einem NEUEN Player am Automarkt. Amazon,

Google, Facebook, alles neue Player, die permanent alles neu machen, alles anzweifeln, alles neu denken und neu kombinieren.

Elon Musk baute als Kind wahrscheinlich keine einzige LEGO-Feuerwehr so zusammen, wie es auf der Packung stand. »Hier Elon, schau mal, eine Feuerwehr.« Und was hat Klein Elon aus den Steinen der Feuerwehr gebaut? »Mama... eine Marsstation.«

Die neuen Player verändern die Welt. So wie Vulkane die Welt verändern. Vulkane erschufen das Land, auf dem wir heute operieren. Sie zerstörten das Alte. Erschufen das Neue. Der Unterschied zwischen geologischen und Business-Vulkanen: Was früher Millionen Jahre dauerte, geht heute im Business ratzfatz, haste nich gesehn!

Aus FortSCHRITT ist FortSPRINT geworden. Umwälzende Entwicklungen prasseln BAMM! BAMM! BAMM! auf jedes Unternehmen ein. Auch auf Ihres! Man attackiert sich heute BRANCHENÜBERGREIFEND. Die Sicherheiten der analogen Welt: Unternehmensgröße, Bekanntheit der Marke oder Markteintrittsbarrieren sind kein Erfolgsgarant, kein Schutzschild mehr. Jeden Tag gibt es neue, überraschende Zusammenschlüsse, Ansätze, Services, Materialien, Methoden, Produkte... die ratzfatz, haste nich gesehn, ALLES ÄNDERN.

Aus FortSCHRITT ist aber auch FortSPRUNG geworden. Wir leben in der Zeit der VISIONÄRE. »If you can think it – you can build it«, sagt man auf Neu-Managementdeutsch. Größenwahn ist besser als Bescheidenheit.

Kleinere, spezialisierte Player, wie Zalando, wollen das Betriebssystem der Modebranche sein. Und einige Großvisionäre, wie Bezos, Zuckerberg und offensichtlich Musk, preschen – BAMM! BAMM! BAMM! – vor, um echte Utopien zu verwirklichen. Sicher kennen Sie die Story hinter dem Glitzer-Entrepreneur Elon Musk?

Hier noch mal in Kurzform:

Sein Credo: Irgendwann geht's zu Ende mit der Welt! Und dann?
Sein Plan: Die Menschheit auf den Mars umsiedeln.
Sein Problem: Mit dem, was da ist, klappt ein Umzug auf den Mars nicht.
Seine Lösung: Dinge bauen, mit denen es klappt:

- **Extrem leistungsfähige Elektroantriebe und Fahrzeuge (Tesla),**
- **extrem leistungsfähige Solarenergie (SolarCity),**
- **extrem leistungsfähige Raumschiffe (SpaceX),**
- **extrem leistungsfähige Rohrpostsysteme im Großformat (Hyperloop: Menschen und Waren sollen mit über 1000 Stundenkilometer unterirdisch befördert werden),**
- **extrem schlaue Menschen, die all das bauen können (Neuralink, die Verbindung des menschlichen Gehirns mit künstlicher Intelligenz).**

Alles ANDERS als vorher, sonst geht's nicht.

Etliche Visionäre tanzen auf den vielen Vulkanen und sorgen fast täglich für neue Eruptionen. Wir in Europa und D-A-CH tragen einen wesentlichen Teil dazu bei. Wir haben exzellente Hochschulen, hoch kreative Start-up-Hubs, und selbst in vielen Traditionsunternehmen herrscht heute eine neue agile Kultur, die hilft, aus Visionen funktionierende Lösungen zu bauen. Disruptive Innovation ist längst nicht mehr nur aufs Silicon Valley begrenzt. Und europäische Ingenieurleistung – gerade aus der D-A-CH-Region – hilft heute, »California Dreaming« Wirklichkeit werden zu lassen.

»Die Aufteilung in ›alte Welt‹ und ›neue Welt‹ ist so nicht richtig. Siemens hat bei Tesla Automatisierung für verschiedene Anlagen geliefert und spielt in der neuen Gigafactory eine signifikante Rolle. Unsere Software kommt auch beim Weltraumprojekt SpaceX zum Einsatz. Wir sind längst Teil dieser sogenannten neuen Welt. Das heißt, auch hyperaktive Firmengründer wollen das Beste oder nichts.«

JOE KAESER, CEO SIEMENS AG
IN EINEM INTERVIEW

Blöde Frage: Haben Sie darauf Antworten?

↗ Welche Chancen sehen Sie für sich und Ihr Unternehmen in den nächsten drei, fünf oder zehn Jahren?

↗ Welche Hürden müssen Sie ganz konkret aus dem Weg räumen, um das zu schaffen?

↗ Was müssen Sie heute lernen, um morgen topfit zu sein?

↗ Welche neuen Experten müssen Sie heute in Ihr Team holen, um in Zukunft erfolgreich zu sein?

Wenn ja: Sicher? Fragen Sie sich das am Ende des Buchs noch mal!
Wenn nein: Hinsetzen, Hausaufgaben machen, Antworten finden!

ACHTUNG: Wir denken oft: »Der Markt wird sich aufteilen… das Alte wird neben dem Neuen weiterexistieren!« Das ist sehr unwahrscheinlich! Der Markt für Dampflokomotiven ist tot. Der Markt für Papierfotos ist tot. Der Markt für Vinylplatten ist tot. Es gibt sie als NISCHE. Aber generell gewinnt immer die neue Technologie.

Q: Aber Elektroautos kommen mit der Batterie nur 200 Kilometer?
A: Was, wenn sie morgen 2000 Kilometer weit fahren?

Technologie wird immer besser. Ein Defizit der Qualität ist nie SCHUTZ vor Disruption… sondern ANSPORN, es besser zu machen! BAMM! BAMM! BAMM!

So geht Wirtschaft heute!

Es war ein lauer Sommermorgen am 24. August im Jahr 79 n. Chr. Adamina Vicolla hatte wie jeden Morgen frische Blumen in das Fenster ihres Bäckerladens an der Via Consulare gestellt. Es duftete herrlich nach frischem Brot. Die Geschäfte liefen gut. Doch an diesem Tag war etwas anders. Von der Straße hörte sie zwar geschäftiges, fast tosendes Treiben, aber kein Kunde betrat ihren Laden. Was tun? Adamina erhöhte erst einmal den Werbedruck: »Ich stell noch mehr Blumen ins Fenster, das bringt mehr Kunden.«

Doch die Kunden blieben immer noch aus. Komisch! Adaminas Blick hielt kurz auf der Steintafel über dem Backofen mit dem eingemeißelten Text »Hic habitat felicitas« (Das Glück wohnt hier) inne. Ein Gedankenblitz. Preise runter! »Jedes dritte Pane kostenlos«. Doch es wollte irgendwie nicht. Noch immer keiner, der etwas gekauft hätte. Dabei ist die Straße voller Menschen. Nächste Idee: Service optimieren! »Lieferung inklusive«. Nichts! Sie war – in wahrsten Sinne des Wortes – mit ihrem Latein am Ende. Also ging sie hinaus, frische Luft schnappen!

Was war hier los? Potenzielle Kunden ohne Ende ... aber keiner interessierte sich für ihr Brot. Die Menschen rannten panisch in der Gegend umher. Manche schleppten Kisten. Andere zerrten Vieh. Alte stolperten, Kinder heulten. Ihr Blick ging nach oben. Über dem zehn Kilometer entfernten Gipfel des Vesuvs tobte ein Inferno. Aus dem Vulkan schossen Lava, glühende Gesteinsbrocken und Asche bis hoch in den Himmel hinaus, der sich immer schneller verdunkelte.

Die Kunden blieben nicht aus, weil Werbedruck, Preis oder Service nicht stimmte. Die Kunden blieben aus, weil sich die Welt verändert hatte. Weil plötzlich alles brannte. Weil eine Explosion »außerhalb« des Bäckerladens passiert war, die dem Geschäft jegliche Basis entzog. Adamina hatte an alles gedacht! Aber nicht an den Vesuv. Wenig später war ganz Pompeji begraben.

Vulkane haben Ultra-Power. In der Natur kennen wir das. Aber heute ist es auch in der Wirtschaft so. Vulkane brechen plötzlich aus und begraben rasend schnell bestehendes Land unter sich (= bestehende Marktanteile und bestehende Business-Modelle). Oder sie schaffen neues Land, das vorher noch nicht existiert hat (= neue Marktanteile und neue Business-Modelle).

Mit eindeutiger Sicherheit voraussagen, wann, wo und wie heftig Vulkane ausbrechen, ist schwer. Aber überall, wo es brodelt, kann es bald zur Explosion kommen. Willkommen in der Vulkanökonomie!

»Komisch. Heute bleiben die Kunden aus. Ich stelle noch mehr Blumen ins Fenster. Dann kommen sie sicher.«

↗ Disruption von außen ändert das Geschäftsumfeld.

↗ BAMM! BAMM! BAMM! Aus alten Handlungsmustern werden VERALTETE Handlungsmuster.

Die Folgen eines Vulkanausbruchs sind in der Natur nicht absehbar. Manche bedecken nur das sie umgebende Land. Andere erschaffen neue Inselgruppen oder lösen globale Kettenreaktionen aus.

Die Analogie zwischen Vulkanen und Wirtschaft geht noch einen Schritt weiter. Jedes Unternehmen – auch Ihres – wurde von Menschen gegründet, die für ihre Vision BRANNTEN! Menschen, die heiß waren und alles gaben, um »Neuland« zu gewinnen. Manche dieser Unternehmen sind heute »alte Vulkane«, die vor vielen Jahren mal ausgebrochen sind, kontinuierlich brodelten und heute imposant dastehen. Andere alte Vulkane scheinen fast erloschen. Ohne Feuer. Ohne neue Energie. Aber auch »erloschene Vulkane« können wieder zum Lodern gebracht werden. Oft braucht es nur jemanden, der richtig brennt. Was aber nur geht, wenn sich der alte Vulkan anheizen lässt. Falls Sie selbst brennen und Ihr Unternehmen im Kern feuerresistent ist, versuchen Sie, es am Rand anzuzünden. Wenn das nicht klappt, andere Mütter/Väter haben auch schöne Töchter/Söhne.

Hinzu kommen die vielen neuen, sehr aktiven Vulkane, vor allem in der Start-up-Szene. Man sieht förmlich, wie sie Feuer speien und das Land der alten Vulkane mit Lava überziehen. Einige beruhigen sich auch wieder. Aber das Feuer tragen die Vulkanier weiter! Zündeln woanders herum, geben nicht auf, bis die Welt um sie herum brennt. Serial Entrepreneurs, Menschen, die ein Unternehmen nach dem anderen gründen, sind solche Vulkanier. Ihnen geht es mehr darum, das Neue anzuzünden, als um das ruhige Bewohnen des entstandenen Berges.

Große Veränderungen bringen auch die Lavaströme, die von neuen und alten Vulkanen fließen, Altes bedecken, sich zusammenschließen und so zu noch mehr Neuland verbinden. Lavaströme sind langsamer als die fliegenden Feuerkugeln einer Eruption. Aber der Wirkungsgrad ist oft tiefergehender, bleibender. Die relative Langsamkeit des Lavastroms lässt uns Zeit, zu reagieren. Jedes Unternehmen sieht das heiße Magma der künstlichen Intelligenz. Jeder sieht das heiße Magma der Blockchain-Technologie. Wann wird dieses Magma ausbrechen? Haben Sie Angst davor? Oder können Sie es nutzen, um Ihren Vulkan mit frischer Energie zu versorgen?

Jetzt sind Sie

Wie müssen Sie Ihr Unternehmen aufstellen, um Neuland zu gewinnen?

Welche Ausrüstung brauchen Sie, um Vulkane zu erklimmen?

Wie stark müssen Sie brennen, um selbst ein Vulkan zu werden?

Sie haben schon jetzt einiges über Vulkane erfahren. Wie diese die Umwelt verändern. Wie sie Neuland schaffen. Wie sie Altes überdecken.

Aber was verbirgt sich im Detail hinter dem Begriff »Vulkan«?
Was bedeutet V-U-L-K-A-N für Sie und Ihr Unternehmen?

Zeit für die BAMM!-LUPE. Jetzt schauen wir ganz genau hin! Das Wort »Vulkan« besteht aus sechs Buchstaben. Und jeder Buchstabe steht für eine brennende Eruption, einen schleichenden Lavastrom oder eine radikale Veränderung Ihres Geschäftsumfeldes.

Was das genau bedeutet, kommt jetzt:

V = Volatil
U = Ungewiss
L = Liquide
K = Kooperativ
A = Anders
N = Narzisstisch

VOLATIL

Innovations- und Produktlebenszyklen werden immer kürzer. Schneller da und schneller wieder weg als je zuvor. Ihr Handy haben Sie heute ein bis zwei Jahre. Ihre Großeltern hatten ihren Fernsprecher zehnmal länger. Früher haben wir Autos besessen, heute machen wir kurzfristiges Leasing oder ultrakurzfristiges Sharing. Wir waren früher ein Leben lang bei der gleichen Firma angestellt. Heute wechseln wir Jobs schneller als je zuvor. Und selbst die Attraktivität von »Mensch ärgere Dich nicht« war wesentlich langlebiger als die von »Pokemon Go«. Generell war früher alles viel entspannter: Ans Feuer konnten wir uns einige Tausend Jahre gewöhnen. Dann kam im vierten Jahrtausend v. Chr. ganz entspannt das Rad. Und noch mal ein paar Tausend Jahre später bereicherten gedruckte Werke unser Leben, schließlich Dampfmaschine, Fernsehen … Immer eines nach dem anderen, alles mit der Ruhe.

Heute kommen mächtige Innovationen BAMM! BAMM! BAMM! Manager müssen nicht EINE (einzige) Neuentwicklung auf dem Schirm haben, sondern massenweise. Und nichts passiert mehr nacheinander, alles kommt gleichzeitig! Feuer, Rad, Buchdruck, Dampfmaschine, Fernsehen GLEICH-

ZEITIG! Und dann kommt Ihre Chefin ins Büro und fragt: »Welches von den fünf Dingen, die gerade passieren, ist für uns wichtig? Verändert das Rad unser Geschäft? Oder eher die Dampfmaschine? Wollen wir aufs Feuer setzen oder auf das Fernsehen?«

Allerdings sind die Fragen heute falsch gestellt! Es geht nicht mehr um ENT-WEDER/ODER. Die beste Strategie ist UND! Feuer UND Rad. Buchdruck UND Fernsehen. Oder in die heutige Zeit übersetzt: analog UND digital… Mensch UND Maschine… bio UND hightech. Die KOMBINATION macht den Trick! Mehr dazu unter K wie Kooperativ.

Schauen wir die TRENDS an, die das V wie VOLATIL ausmachen.

Die Haltbarkeit nimmt ab

Nicht umsonst hat Moses die Zehn Gebote auf Stein geschrieben. Auf Stein gemeißelt hält Tausende von Jahren. Der Druck in Büchern ist nach ein paar Hundert Jahren futsch. Daten auf Diskette/USB-Stick sind schon nach einem Jahrzehnt nicht mehr verwendbar. Der Kaufgrund Haltbarkeit wird weniger attraktiv… oder möchten Sie ein T-Shirt kaufen, das ein Leben lang hält? Fragen Sie sich, ob und wie Sie Ihre Produktzyklen schneller machen können! Wie lange muss ein Badezimmer, ein Garagentor, eine Kaffeemaschine halten? Können Sie in ein Abo-Modell wechseln? Alle x Jahre ein neues Waschbecken? Was müssen Sie ändern, um das tun zu können? Die Welt ist FAST MOVING. Slow Moving wird Nische. Bei Produkten, Berufen, Wohnorten, überall.

Die »Sexiness« verblasst schnell

Wir verfangen uns bei Produkten, Marken, Services heute eher in schnellen Affären als in dauerhaften Liebesbeziehungen. Aus dem recht langfristigen Kommittenten »Kauf« wurde zunächst die kurzfristige Liaison »Leasing«, jetzt sind wir beim One-Night-Stand »Sharing«. Die Konsequenz für Sie: Affären haben andere Gesetze als Liebesbeziehungen. Freiheit wird wichtiger – Treue unwichtiger. Ausprobieren ist erlaubt. Warum nicht mal das Neue testen? Selbst wenn es von der Konkurrenz kommt. Wir sind offener. Der »Was der Bauer nicht kennt, frisst er nicht«-Kunde ist tot. Das »Was der Bauer nicht kennt, probiert er einfach aus!« ist heute angesagt.

Das Telefon brauchte 75 Jahre, um 50 Millionen Nutzer zu haben. »Angry Birds« schaffte es in 35 Tagen. Selbst die angeblich so innovationsresistenten Bauern haben heute Roboter, Chips, Big Data und Predictive Analysis im Einsatz.

Wir sind viel schneller bereit, fremdzugehen und das Neue zu testen. Fragen Sie sich also, wie Sie kurze, unkomplizierte AFFÄREN mit Ihrem Service oder Produkt ermöglichen können. Und machen Sie Langzeitbeziehungen wieder SEXY ... Riskieren Sie etwas ... Überraschen Sie Ihre Kunden!

Liefern Sie geile WOW-Erlebnisse ... oder nur zuverlässige Hausmannskost?

Produkte, Interessen, Berufe, Kunden – nichts ist mehr »für immer«.

↗ Hier ein valider Berufstipp von 1995: »Geh zur Bank – da ist es sicher.« BAMM! VULKAN! Nichts ist für immer. Sicherheitsdenken ist gefährlich!

↗ Gestern haben wir klassisch (lineares) Fernsehprogramm geschaut, heute sind es Netflix, Amazon Prime beziehungsweise nicht lineare Online-TV-Angebote.

↗ Mobiles Arbeiten, Homeoffice, Sabbatical gehören zum Standard. Flexible Arbeitsplätze in kreativer Lounge-Atmosphäre lösen immer mehr das starre System aus Einzelbüros oder unkommunikativen Großraumbüros ab.

↗ Wir sind nicht mehr unser Leben lang Kunde EINER Bank, Versicherung, Stromversorgergesellschaft oder Telekommunikationsfirma.

Jede Firma ist heute wie ein Fernsehsender: Wenn dem Kunden das Programm nicht gefällt, schaltet er einfach um. Keiner schaut aus »Treue zum Sender« einen blöden Bericht, wenn ein KLICK weiter das viel geilere Programm läuft.

Zurzeit ist meist noch das Smartphone die »Fernbedienung« für Business-Beziehungen. Aber schon jetzt drängen sich »Voice-basierte« Systeme auf, die das Nutzen UND Wechseln noch einfacher machen.

Die Killer-Tip

V wie VOLATIL:

Kurzfristig (heute)

Sie müssen sich ständig etwas Neues einfallen lassen, um sexy zu bleiben. Haben Sie heute etwas unternommen, das Ihre Kunden überrascht und Sie attraktiv hält? Etwas, worüber man spricht? Warum nicht?

Mittelfristig

Wenn alles flüchtiger wird, müssen SIE flexibler werden! Von den Produktionsprozessen bis hin zu Zielvorgaben. Agilität gewinnt! Ziehen Sie in Ihrem Unternehmen FLEXIBILITÄTSSTRUKTUREN ein! Fragen Sie bei jeder Entscheidung: Macht mich dieses neue Ding schneller, flexibler, agiler ... oder statischer, bürokratischer, unflexibler? Machen Sie immer das Agilere. Drehen Sie das Bürokratischere ab!

↗ **Urlaubsplanung per Workflow via App am Smartphone: JA!**

↗ **Eingehende Bestellungen aus dem neuen Online-Shop ausdrucken & abheften: NEIN!**

Langfristig

RADIKALISIEREN Sie Ihre Szenarien! Was, wenn es nur noch selbstfahrende Autos gibt? Was, wenn JEDE Social App eine Bank ist? Was, wenn ALLES online ist? Wie sichern Sie dann Erfolg?

UNGEWISS

Auf der Erde gibt es Regeln, etwa in der Physik: Steine liegen am Boden und fliegen nicht. Vögel fliegen und liegen nicht am Boden. Kaum kommt ein VULKANausbruch, ändert sich das radikal: Dann fliegen plötzlich die Steine und die Vögel stürzen ab. Genauso ist das in der Wirtschaft: Disruption, Kooperationen und Übernahmen verwischen immer stärker die Grenzen von Branchen und/oder auch, was diese tun.

TEST: Welche Branche war Amazon (Google/Facebook) noch gleich? Was machen die noch mal?

Wissen Sie beispielsweise was »Panasonic Automotive Systems« macht? Die Hi-Fi für das Auto, die Batterie für den E-Antrieb, den gesamten Elektroantrieb oder das ganze Auto? Es ist ungewiss. Und das gilt heute fast für alles! Amazon ist heute Cloud-Anbieter. Google baut Autos. Facebook arbeitet am Gehirn-Internet-Interface. Wenn Google Autos machen kann, warum kann Ihr Unternehmen dann nicht XYZ machen?

Ungewissheit überall: Was hindert Google daran, den Pharma-Markt aufzumischen? Immerhin kennt Google jeden Nutzer und seine Aktivitäten sehr gut. Steigt Google ins Pharma-Geschäft ein? Ungewiss!

Wer oder was hindert Facebook, TV-Serien auf den Markt zu bringen, die genau auf Profile zugeschnitten sind? Snapchat kooperiert seit Sommer 2017 ja auch mit Time Warner. Was, wenn Amazon seine eigene Währung lanciert? Nichts und niemand ist vor allem und jedem sicher!

WeChat, das größte Social Network in China, ist gleichzeitig eine Online-Bank und offeriert Investments. Knapp eine Milliarde (!) Nutzer aus China und anderen Ländern nutzen den Dienst, den es mittlerweile auch auf Deutsch und in anderen Sprachen gibt. Gibt Ihre Bank Ihnen mehr Sicherheit? Ungewiss!

Ist Ihr Job, Ihre Karriere, Ihr Unternehmen vor dem Angriff von außen sicher? Ungewiss! Der Markt – auch der Arbeitsmarkt – wird immer öfter von marktfremden Teilnehmern aufgemischt. Ihr alter Konkurrent ist wahrscheinlich ungefährlicher als die digitalen Mega-Companies oder ein junges Start-up. Ihr menschlicher Konkurrent ist ungefährlicher als ein Algorithmus.

Aber viele von uns denken: »Bleib auf dem Weg… weiche nicht vom Weg ab… geh nicht in den Wald… auf dem Weg ist es sicher.« ROTKÄPPCHEN-FALLE! Wer auf dem Weg bleibt, ist angreifbar. Der Wolf braucht nur zu warten. Freundlich zu tun… BAMM! sind Sie tot und Ihre Großmutter auch! Außer natürlich, Sie kennen den Jäger. Und wo geht der Jäger entlang? GENAU! Der bleibt NICHT auf dem Weg, der STREIFT überall herum. Besonders da, wo ihn der Wolf (und andere Tiere) nicht erwarten!

Werden Sie also weniger Rotkäppchen und mehr Jäger! Weichen Sie öfter vom Weg ab! Jagen Sie da, wo man Sie NICHT erwartet!

Die Jäger-Manager der neuen Vulkane sehen GIGANTISCHE BEUTE in dem, was sie tun: »Nur weil es uns gestern nicht gab, heißt das nicht, dass wir morgen kein Milliarden-Unternehmen sind.« Sie sehen die Ungewissheit des Marktes als fette Chance! Wer nichts zu verlieren hat, kann nur gewinnen.

Ungewissheit ist also gut… besonders dann, wenn man jagt, vom Weg abweicht und mutig ist!

»START-UPS SIND WIE SPERMIEN! Es gibt Millionen. Schnell sein hilft. Stark sein hilft… aber wer es schafft, ist UNGEWISS!«

Die Killer-Tip

U wie UNGEWISS:

Kurzfristig (heute)

Sicherheitsdenken ist gefährlich! Selbst wenn Ihr Laden läuft: Fühlen SIE sich in Ihrem Unternehmen, in Ihrer Branche und in Ihrem Job NICHT SICHER. Entwickeln Sie aus einem Gefühl des Bedrohtseins eine Motivation, Wesentliches zu ändern. Beispiel Staubsaugerfabrikant: »Lasst uns einen Saugroboter bauen!«

Mittelfristig

Finden Sie das Grundlegende, was Ihr Unternehmen KANN. Das, wo Sie unschlagbar sind. Überlegen Sie, was Sie mit dieser Kompetenz noch machen können. Beispiel Staubsaugerfabrikant: »Wir können Sachen bauen, die Luft saugen oder pusten.« Also können wir auch Handtrockner, Abzugshauben und – tuschel-tuschel – ja vielleicht auch neuartige Sextoys bauen (dann vielleicht unter einer eigenständigen Marke). Suchen Sie dafür nach NEUEN strategischen Partnern und Geschäftsmodellen.

Langfristig

Irgendwann wird jeder Markt disruptiert! Überlegen Sie sich, was ein ANDERER tun kann, um Ihren Markt zu vernichten. Wenn Sie es wissen: Tun Sie es selbst!

LIQUIDE

Erinnern Sie sich noch an die Nummer mit den Aggregatzuständen? Fest, flüssig, gasförmig? Fest ist fest. Fertig ab. Niedrigste Energiestufe. Nichts bewegt sich. Führt man dem festen Stoff (Eisen zum Beispiel) Energie zu (Hochofen), wird das Zeug flüssig. Geschmolzenes Eisen kann sich jeder Form anpassen, so wie auch flüssiges Wasser sich in jedes Glas gießen lässt. Noch mehr Energie, und alles wird gasförmig. Eisen, Wasser, alles verdampft. Es verteilt sich überall und wird Teil der Atmosphäre.

In der Wirtschaft: genau das Gleiche! Produkte sind fix. Wir musten uns jahrelang dem Auto oder dem Verkehr anpassen – nicht das Auto oder der Verkehr an uns. Dann floss mehr Energie in der Wirtschaft, also Arbeit und Geld: und hey ... jetzt haben wir verstellbare Lenkräder, den abstandsabhängigen Tempomaten, automatisches Spurhalten, und das selbstfahrende Auto kommt sowieso allein zu uns. Das Auto passt sich immer mehr unseren Bedürfnissen, immer mehr an den Verkehrsfluss, immer mehr an unsere Location an. Überall, wo wir gerade sind, steht ein Sharing-Auto um die Ecke. Mobilität wird quasi FLÜSSIGER.

Alles ist mit allem vermischt. Bahn, Bus, Auto, Fahrrad. Alles existiert in der gleichen, vernetzten Datencloud und ermöglicht so alles umfassende Lösungen. Smart Transport ist komplett auf uns und unsere Situation maßgeschneidert, von überall einsehbar, buchbar, bezahlbar.

Je nachdem, wann und wie wir von wo nach wo wollen und wie der Verkehr dort gerade ist, wissen ALLE Transportprovider, was die beste Lösung ist. Transport wird »gasförmig«: maximale »Liquidität«. Generell gilt also:

Die Vergangenheit war fest.
(Ich passe mich an Produkt, Lieferzeit und Service an.)

Jetzt ist gerade alles flüssig/liquide.
(Produkt, Lieferzeit und Service passen sich mir an.)

Die Zukunft wird gasförmig.
(Alles ist mit allem vernetzt – the data cloud of everything)

Das ist für Sie und Ihr Unternehmen wichtig: Wer heute nicht »liquide« agiert, wird morgen eventuell eher in Totenstarre treten, als Teil der hyperconnecteten »Daten-Atmosphäre« werden … es sein denn, Sie schießen später dann wirklich massig Energie nach! Doch Stufen überspringen braucht Zeit, bedeutet viel Extraarbeit und kostet auch richtig viel Geld. Besser, Sie optimieren den Aggregatzustand Ihres Unternehmens Schritt für Schritt: erst fest … dann flüssig … dann überall.

Aber fangen wir FEST an... wo viele von uns heute noch stehen: FEST bedeutet: fest abgesteckte Claims. Mauern, Schutz, Eintrittsbarrieren. Der
Trend von schützenden Mauern ist aber, dass diese irgendwann wegfallen
– schlau umgangen werden – und sich langfristig auflösen. Es fließt eben
viel ENERGIE in die Märkte, und Energie macht aus festen Stoffen flüssige:
Glücksspiel war fest! 1000 Gesetze. Da kommt keiner durch... außer online:
BAMM! flüssig. Banken waren fest: 1000 Gesetze. Da kommt keiner durch...
außer online: BAMM! flüssig. Deutsches Taxigewerbe war fest. 1000 Gesetze.
Da kommt keiner durch... außer online: BAMM! flüssig. Auch die starren
Regelungen in Ihrem Markt werden in absehbarer Zeit fallen. Der Weg für
freiere, effektivere, FLÜSSIGERE Mechanismen wird damit frei.

Noch ein Beispiel? Gerne! Am besten was Leckeres: BIER! Der deutsche, seit
1516 über das Reinheitsgebot fest zementierte Braumarkt wird durch ein
neues Movement mit Craft-Bieren im wahrsten Sinne aufgemischt. Das
Neue überzeugt. Der Markt, seine Regeln und Mitspieler sind im Fluss. Fest
wird flüssig. Prost!

Q: Geht es auch bei Preisen?
A: Ja!

Sie wissen: Preise werden von Angebot und Nachfrage gesteuert. Und bei-
des schwankt! Ist es nicht merkwürdig, dass so ziemliche alle Preise relativ
starr sind? Vom Auto bis zum Joghurt, von der Werkstattleistung bis zum
Haarschnitt. Sie sind (gefühlt) IMMER und für (gefühlt) ALLE gleich.

Die Starrheit von Preisen ist zum großen Teil technisch bedingt: Offline-Preise mit gedruckten, analogen Preisschildern bieten keine einfache, praktikable Möglichkeit, mit individuellen, sich schnell ändernden Preisen zu arbeiten. Natürlich gab und gibt es Ausnahmen. B2B-Preise zum Beispiel. Preise, die eben NICHT irgendwo fix am Regal stehen, sondern die individuell verhandelt werden.

Was früher nur bei B2B möglich war, geht heute nahezu ÜBERALL! Im E-Commerce sind alle Preistafeln digital. Ein günstiger Flug von Zürich nach Wien kostet eben nicht mehr fix 149,–, sondern mal 38,69 und mal 296,–. Das Gleiche gilt für die Nacht im Hotel und – online – sogar für die Sonnencreme. E-Commerce-Seiten können Preise aufwandlos anpassen, ändern, optimieren.

Uber hatte eine Zeit lang einen Algorithmus, der bei der Preisfindung nicht nur die aktuelle Nachfrage berücksichtigte, sondern auch den Ladezustand der Smartphones. Der Algorithmus wurde wieder abgedreht. Dabei war die Idee: »Hey, der Kunde hat nicht genug Saft im Handy, um jetzt ewig Preise zu vergleichen«, gar nicht mal so dumm gedacht.

Alle Unternehmen – auch das Ihre – können also zumindest online liquide Preise anbieten – entweder individuell anhand von Regeln oder automatisiert über Algorithmen gesteuert. Sollten Sie ein Händler sein, bringt das elektronische Preisschild diese Liquidität auch direkt ans Regal. Die liquiden Preise helfen auch, Warenhaltung zu optimieren und Höhen und Täler in der Produktnutzung auszugleichen.

Die Killer-Tip

L wie LIQUIDE:

Kurzfristig

Brechen Sie feste Strukturen auf. Stecken Sie Energie und Geld darein, aus starren Prozessen FLÜSSIGE Prozesse zu machen.

Mittelfristig

Brechen Sie flüssige Strukturen auf. Stecken Sie Energie und Geld darein, aus flüssigen Prozessen GASFÖRMIGE Prozesse zu machen. Vernetzen Sie sich mit allem! Erweitern Sie radikal Ihr Ökosystem.

Langfristig

Werden Sie Teil der »BUSINESS-Atmosphäre«. Werden Sie der STOFF, den jeder atmet! Google hat es geschafft. Sie können es auch! Drei atmosphärische Ziele:

1) Ihr Unternehmen ist überall: Man kann Sie nicht sehen. Man kann Sie nicht schmecken. Man kann Sie nicht fühlen. Aber Sie sind da.
2) Ihr Unternehmen ist lebenswichtig: Wenn Sie weg sind … schlecht.
3) Ihr Unternehmen schafft neues Leben: Dank Sauerstoff explodierte in der Welt-Atmosphäre das Leben. Welches neue Leben schafft Ihr Unternehmen in der Business-Atmosphäre?

KOOPERATIV

Die Wirtschaftsmedien sind seit einiger Zeit voll von Nachrichten wie:

↗ **E.ON kooperiert mit Google im Bereich Solarenergie.**

↗ **Merck und der Big-Data-Spezialist Palantir kooperieren. Die Partner wollen die Gesundheitsversorgung von Patienten revolutionieren.**

↗ **adidas, OECHSLER und Siemens revolutionieren gemeinsam mit Speedfactories die Produktion von Sportschuhen.**

↗ **Bosch geht strategische Partnerschaft mit Alibaba ein.**

↗ **Continental kooperiert mit dem chinesischen Internetkonzern Baidu beim automatisierten Fahren.**

Die Radikalität der KOOPERATION radikal verschiedener Unternehmen, Sparten, Services oder Medien zu einem radikal neuen »Gesamtprodukt« war in diesem Ausmaß bisher undenkbar.

Wenn mich mein digitales Flugticket am Handy berechtigt, mir bei Verspätung des Fluges einen kostenlosen Kaffee zu holen, ist das Ausdruck einer radikal neuen Kooperation von radikal unterschiedlichen Unternehmen und Services: Fluglinie, Café, Smartphone. Das kommt uns zwar einfach und logisch vor, wurde aber bisher so nicht gemacht. Bisher gab es zwar auch Kaffee, aber 240 Passagiere mussten sich einen Gutschein besorgen. Der Service bestand aus DREI EINZELNEN SILOS: Fluglinie, Gutschein, Café.

Silos fallen weg, Mittelpositionen ebenso. Wenn meine Fabrik in Stuttgart dem Roboter in São Paulo KOOPERATIV sagt, wie das neue Teil zu bauen ist, ist es einfacher, billiger, direkter und fehlerfreier, als wenn Stuttgart über eine dritte Instanz, zum Beispiel einen Ingenieur in São Paulo, die Programmierung beauftragen muss.

Radikale Kooperation radikal unterschiedlichster Player spielt laut einer Nestlé-Zukunftsstudie auch bei unserer zukünftigen Ernährung eine wesentliche Rolle. Verschiedene neue Technologien wie Sensoren, Gesundheits-Apps, 3-D-Essen-Drucker und Restaurants berechnen, erstellen, produzieren und liefern in kooperativem Zusammenspiel das perfekte Menü speziell für mich. Einzeln sind alle diese Services super: Zusammen sind sie nahezu unschlagbar.

Fortschritt ist heute also nicht mehr nur Einzelleistung. Immer öfter funktioniert Fortschritt kooperativ. Fast alle Güter sind Gemeinschaftsleistung. Und dieser Trend steigt.

Der Trick zum Erfolg: Stellen Sie nicht mehr Ihr einzelnes Produkt in den Mittelpunkt, sondern das GESAMTERLEBNIS des Kunden! Die Flugreise besteht NICHT mehr aus den Einzelservices: Anfahrt, Parken, Einchecken, Kaffee trinken, Flugzeug, Taxi, Hotel, sondern wird als EIN GESAMTERLEBNIS definiert. Die Grenzen können sich dabei massiv ausweiten: Fängt Ihre FLUGREISE wirklich erst am Gate an … oder schon beim Kofferpacken? Ob Fluggesellschaft, Kofferhersteller, Flughafen oder Reiseanbieter das GESAMTERLEBNIS auf seine Plattform holt, ist egal. Wichtig ist die KOOPERATION!

Das macht Wirtschaft extrem komplex. Wir sind es gewohnt, KONZENTRIERT zu arbeiten. Konzentration heißt: alle »Nebensachen« ausblenden. Jetzt müssen wir diese NEBENSACHEN aber einblenden. Je mehr NEBENSACHEN Sie INTEGRIEREN, desto umfassender, besser und attraktiver wird Ihr Angebot.

Das Zusammenbringen und Fusionieren sehr unterschiedlicher Disziplinen, Fähigkeiten und Kulturen zu einem neuen Ganzen ist die wichtigste Eigenschaft, die Sie als Topmanager heute und morgen beherrschen müssen.

Wie gesagt: Kooperation stellt das GESAMTERLEBNIS des Kunden in den Mittelpunkt. Kooperation erlaubt Ihnen und Ihrem Unternehmen, gemeinsam mit anderen zu wachsen und KERN des GESAMTEN zu werden. NEBENSACHEN werden KERNKOMPONENTEN.

Daumenregel: Je größer die Unterschiede der kooperierenden Player sind, desto größer und umfassender das Gesamterlebnis. Je inhomogener die Gruppe, desto überraschender das Ergebnis. Das gilt im Weltraum genau wie im Business.

**Die Kooperation von einem Schuhhersteller
mit einem Schuhsohlenhersteller ist schon okay.**

**Die Kooperation von einem Schuhhersteller
mit einem Game-Konsolen-Hersteller rockt.**

**Die Kooperation von einem Foodlieferanten
mit einem Logistikunternehmen ist schon okay.**

**Die Kooperation von einem Foodlieferanten
mit einem Fitnessbandunternehmen rockt.**

Die Killer-Tip

K wie KOOPERATIV:

Kurzfristig (heute)

Räumen Sie Ihren Mitarbeitern genug Spielraum für kooperative Projekte ein und fördern Sie einen Kulturwandel, der unterschiedlich tickende Menschen zusammenbringt. Wenn schon intern Abteilung A nicht mit Abteilung B arbeitet, haben Sie ein Problem. Zwingen Sie Ihre Mitarbeiter schlimmstenfalls, sich von ihrem gewohnten Arbeitsumfeld zu lösen. Nur so gelingt Kooperation.

Mittelfristig

Finden Sie die wichtigen NEBENSACHEN außerhalb Ihres Unternehmens, die zum GESAMTERLEBNIS Ihres Produkts dazugehören. Was passiert VORHER, NACHHER, wenn etwas SCHIEFGEHT. Kooperieren Sie mit den Playern. Bauen Sie ein neues EINHEITLICHES, KOOPERATIVES Gesamterlebnis.

Langfristig

Welche UNGEAHNTEN Möglichkeiten bietet die neue Kooperation? Können Sie Ihr GESCHÄFTSMODELL ändern? Verkaufen Sie nur einen Flug ... oder die KOMPLETTE REISE?

ANDERS

Sie sind wichtig. Sie kennen sich aus. Sie haben ERFAHRUNG! Ist doch super. Oder?

Wir handeln aus Erfahrung. Wir wissen, was funktioniert. Und kennen das, was sicher nicht klappt. Erfahrung hilft, Fehler zu vermeiden und Vorteile zu nutzen. Diesen Wein/Kunden/Zulieferer kenne ich: Mit dem habe ich gute Erfahrung gemacht. Den nehme ich wieder. Erfahrung wird heute auch digital ausgeweitet: Kundenrezensionen, Uber-Fahrerbewertungen: Viele Leute haben die und die Erfahrung mit diesem und jenem Produkt/Service/Menschen gemacht. Klingt doch gut. NEIN, und noch mal NEIN! Denn genau da liegt das Problem!

Die Erfahrung WURDE GEMACHT! Sie ist alt! In statischen Systemen, wenn sich nichts ändert, ist alte Erfahrung gut. Die alte Erfahrung im alten System ist eigentlich auch korrekt. Sobald sich das System aber ändert, sobald die Randbedingungen NEU werden, wird die alte Erfahrung FALSCH. Sie basiert auf FALSCHEN, jetzt VERALTETEN Annahmen!

Der Weinbauer hat JETZT gepanscht, und der Wein ist für die Tonne! Der Kunde hat JETZT finanzielle Schwierigkeiten, und zahlt nicht mehr. Der Zulieferer hat JETZT ein gehacktes System, und die Hacker nutzen JETZT Ihre Daten, um Sie zu erpressen. Nur weil etwas früher gut war, muss es dies heute nicht mehr sein.

Systeme, Marktpositionen, Expertise: Alles ändert sich.

Addieren Sie im Kopf hinter jeder erfahrungsbasierten Beobachtung einfach den Zusatz »BIS JETZT«, und Sie erkennen, was gemeint ist:

↗ **Arbeit war im Büro ... BIS JETZT!**

↗ **Der Markt wird innerhalb der Branche aufgeteilt ... BIS JETZT!**

↗ **Produkte kosten Geld, sonst sind sie nichts wert ... BIS JETZT!**

↗ **Menschen können besser Schach, Poker, Operieren, Autofahren als künstliche Intelligenz ... BIS JETZT!**

↗ **Sichere Dokumente kann nur der Notar ... BIS JETZT!**

↗ **Die Bank ist der Ort für meine Geldsachen ... BIS JETZT!**

Jetzt sind Sie

Welche Punkte sind bei Ihnen fix und in Stein gemeißelt? Bitte unten eintragen:

.... BIS JETZT!

.... BIS JETZT!

.... BIS JETZT!

WACHSTUM ist anders!

Früher wuchsen Unternehmen linear. Der Markt ADDIERTE sich auf. Erst verkaufen Sie zwei Schuhe. Dann kommt noch ein Kunde und will noch mal zwei Schuhe. Wachstum ist also 2 + 2 = 4. Digital brachte uns dann das exponentielle Wachstum. Der Markt MULTIPLIZIERT sich! Erst langsam, fast nichts … dann BAMM! extrem steil nach oben: E-Commerce, Instagram, Internet of Things, alles exponentiell gewachsen. Das ist super für jedes Unternehmen. Aber kompliziert für uns. Unser Hirn denkt exponentiell. Test: Wenn acht Milliarden Menschen in einer Linie auf Stühlen sitzen, braucht man acht Milliarden Stühle. Eh klar. Könnte man Stühle exponentiell besetzen, braucht man wieviele?*

KONKURRENTEN sind oder werden anders!

So anders, dass sie wahrscheinlich nicht einmal aus Ihrer BRANCHE kommen:

↗ **Führender CLOUD-Anbieter ist ein ehemaliger Buchhändler (Amazon), nicht Oracle oder IBM.**

↗ **Pionier mit selbstfahrenden Autos ist eine Suchmaschine (Google), nicht Volkswagen oder Toyota.**

↗ **Neue Bezahlsysteme kamen bislang von Internetunternehmen (PayPal, Apple, Bitcoin, Fintechs), nicht von den Finanzinstituten.**

* Antwort 34 Stühle!
1, 2, 4, 8, 16, 32, 64,128, 256, 512,1024,2048, 4096, 8192, 16 384, 32 768, 65 536, 131 072, 262 144,
524 288, 1 048 576, 2 097 152, 4 194 304, 8 388 608, 16 777 216, 33 554 432, 67 108 864, 134 217 728,
268 435 456, 536 870 912, 1 073 741 824, 2 147 483 648, 4 294 967 296, 8 589 934 592

KUNDEN sind anders!

So anders, dass sie wahrscheinlich nicht einmal nur Ihre Produkte abnehmen, sondern Ihnen vielleicht auch etwas liefern:

↗ Im Energiesektor gibt es unzählige Haushalte oder Betriebe, die sowohl Strom herstellen und in das Netz einspeisen als auch Strom vom Gesamtnetz beziehen. Sie sind also gleichzeitig Kunde und Produzent.

↗ Bei Amazon/eBay etc. kaufen wir Produkte, können aber auch verkaufen (Kunde + Händler).

↗ Kunden transportieren Waren oder nehmen sie für andere an. Sie übernehmen Logistikaufgaben.

↗ Kundenbewertungen werden zum Verkaufsargument. Das ist outgesourcetes Marketing.

Die einzige Konstante ist das »anders«. Unser Partner wird vielleicht unser Wettbewerber. Unser Kunde vielleicht unser Vertrieb. Rollen sind nicht fix. Erfahrung ist alt… und oft VERaltet.

Die Killer-Tip

A wie ANDERS:

Kurzfristig

1. Kaufen Sie sich und Ihren Mitarbeitern unseren streng limitierten »BIS-JETZT-Hammer«.
2. Immer, wenn einer sagt, das GEHT NICHT oder DAS KLAPPT NIE, hauen Sie mit dem Hammer auf _____ (bitte selbst eintragen).

Mittelfristig

Was können andere, insbesondere BRANCHENFREMDE Unternehmen tun, um Ihr Geschäft anzugreifen? Was wäre der totale KILLER für Ihr Business? Wenn Sie es wissen: Tun Sie genau das selbst. Kannibalisieren Sie sich ... WERDEN SIE SELBST ANDERS! ... sonst tun es andere.

Langfristig

Welche neuen Felder können Sie beackern? Welche ANDEREN, Ihnen fremde Branchen können Sie angreifen?

NARZISSTISCH

Die analoge Welt war die Welt der MASSE. Massenprodukte wurden in Massenmedien für den Massenkonsum beworben. Der Geschmack der Masse musste getroffen werden. Die digitale Welt ist das krasse Ende dieses Massendenkens.

Durch Sharing-Modelle kann ICH immer das haben, was ICH gerade will. Im BMW 5er zum Geschäftstermin, mit dem Cabrio an den See cruisen oder mit dem Mini schnell in die Innenstadt.

3-D-Druck bringt narzisstische Produkte: ICH will den neuen Marken-Sneaker, aber mit dem Bild von MEINER Katze drauf!

Auch das Internet of Things bringt narzisstische Services: Auf der Fahrt im selbststeuernden K.I.T.T. hat MICH MEIN virtueller Personal Coach in MEINEN Spanischkenntnissen vorangebracht. ICH komme nach Hause, im Auto geht das Licht exakt dann aus, wenn ICH die Tür betrete. Die Temperatur im Haus ist exakt, wie ICH sie mag (und zwar nur dann, wenn ICH auch da bin)!

Die Badewanne ist bereits eingelaufen. Alexa hat den leckeren Bordeaux, den ICH gestern bei dem Kamin-Meeting getrunken habe und gut fand, für MEINE Ein-Personen-Party heute Abend besorgt, und der Hausroboter hat ihn bereits dekantiert, sodass er PERFEKT ist, wenn ICH in die Badewanne steige. Schöne neue Welt!

Früher ist man »pauschal« in den Urlaub geflogen. Ein tolles KOMPLETT-PAKET – angeregt von der Empfehlung irgendeines Menschen im Reisebüro. Heute besteht ein Urlaub oft aus individuell buch- und kombinierbaren Bausteinen, die ICH mir zu Hause aussuche. Vegetarisches Essen am Morgen, Thai-Massage am Nachmittag, Tauchen in der Nacht. Und jetzt macht das immer öfter mein digitaler Assistent für mich. Noch INDIVIDUELLER auf MICH bezogen, als ich das kann. »Die automatisch von der Toilette erstellte Urinprobe deutet auf ein Besäufnis gestern Abend hin. Ich habe heute für DICH ein Katerfrühstück bestellt.«

Ja, die ICH-Medizin ist da. Schon heute tracken laut Bitkom-Studie die Hälfte aller Smartphone-Nutzer IHRE Körper- und Fitnessdaten über Gesundheits-Apps – Tendenz stark steigend. Pharma und Datenspezialisten arbeiten gemeinsam an allerlei Medikamenten und Methoden, um exakt auf MICH abgestimmte Gesundheitsförderer zu produzieren.

ICH bin das Wichtigste im Foto – nicht der Schiefe Turm von Pisa (Selfie).
ICH sage, wann und wo ich arbeite – nicht mein Chef.
ICH lasse den Schuh nach MEINEM FUSS in 3-D drucken.

Der Narzissmus ändert das SELBST-Verständnis und das SELBST-Bild der Menschen. Durch Narzissmus ist Ihr Kunde schon lange nicht mehr nur ein Abnehmer. Auch König oder Königin trifft es nicht. Kunden sind heute vielfach EGOMAN:

»WIE, Sie liefern die Ware Montagnachmittag? Das passt MIR aber gar nicht! Da wollte ICH vielleicht zum Sport. Zwischen 8.30 und 8.40 Uhr wäre gut.«

»Nachher habe ICH noch diesen Kosmetiktermin. Boah, Stress! Irgendwie habe ICH heute keine LUST dazu. Ach, ICH sag schnell ab!«

»ICH gehe zwar nie um 23.00 Uhr in den Supermarkt, aber der soll gefälligst TROTZDEM rund um die Uhr geöffnet sein. Könnte ja sein, dass ICH doch mal nachts LUST auf Linsensuppe oder Käse oder so bekomme.«

Immer mehr Menschen wollen, dass ihre Wünsche nicht morgen oder nachher, sondern JETZT erfüllt werden. Wie bei kleinen Kindern. Auch bei Ihnen! Sie kennen das Experiment: Entweder EIN STÜCK SCHOKOLADE JETZT oder ZWEI STÜCK SCHOKOLADE SPÄTER! Kleine Kinder wollen lieber EIN STÜCK jetzt ... Der Kunde von heute wählt ... richtig: ZWEI STÜCK JETZT! Warten will keiner. Weniger auch nicht!

Der Narzissmus ist zu einem geschäftlich extrem relevanten Faktor geworden! Wenn Sie diesen perfekt bedienen, können Sie satte Aufpreise gegenüber dem Standardprodukt am Markt durchsetzen. ICH bin es MIR ja wert! Beispiel: Früher gab es den schwarzen Kick als Tasse oder Kännchen, entweder unterwegs beim Bäcker oder edler im Kaffeehaus. Der deutsche Filterkaffee to go kostete unterwegs 1,70 Euro oder so. Zu Hause hatten wir eine NORMALE Kaffeemaschine.

Heute bestellen Sie wie selbstverständlich »einen entkoffeinierten Iced Caramel macchiato mit Sojamilch bitte – in Venti und take away«. »Das macht 4,90 Euro bitte – am Counter nebenan finden Sie auch Kakao, Zimt, Vanille und Chili.« Früher: 1,70 – jetzt 4,90!

Nespresso-Kapseln gibt es in über 50 Geschmacksvarianten. So geht Narzissmus! Der NARZISSTISCHE Kaffee passt sich mir zu 100 Prozent an: von der Stärke bis zu allen erdenklichen Zusätzen. Und was für Kaffee gilt, kann auch für Ihr Produkt/Ihren Service funktionieren!

Fragen Sie sich:

↗ Welche Aspekte Ihres Produkts/Services sind KONFIGURIERBAR?

↗ Wie können sie INDIVIDUALITÄT maximieren?

↗ Wie kann Ihr Produkt/Service NARZISSTISCHER werden?

↗ Wie könnten Sie sich anpassen?

↗ Welche Daten benötigen Sie dazu?

Die Killer-Tip

N wie NARZISSTISCH:

Kurzfristig

Erhöhen Sie Ihre Produkt-, Liefer- und Preisbreite! Machen Sie Ihr Produkt/Service KONFIGURIERBAR!

Mittelfristig

Verringern Sie die Auswahl bei der Auswahl! Hä?! Narzissten mögen viel Auswahl, aber bitte nicht so kompliziert! Setzen Sie auf künstliche Intelligenz und Predictive Analysis, um Kunden die Auswahl einfach zu machen. Netflix schlägt aus 100 000 Filmen einige wenige FÜR MICH vor. Der persönliche Mix der Woche bei Spotify hat 30 Lieder aus mehreren Millionen. Zu viel ARBEIT bei der Auswahl lähmt. Riesige Angebotsvielfalt INDIVIDUELL und SITUATIV reduzieren ist der TRICK beim »N« der Vulkanökonomie.

Langfristig

Jedes Kind will eine ÜBERRASCHUNG: Jeder Narzisst auch!
Fragen Sie nicht nur: »Womit rechnet mein Kunde jetzt?«
Fragen Sie sich auch: »Womit rechnet er NICHT?«
Fragen Sie sich: WIE kann ich echte WOW-Ereignisse schaffen?
Das, worüber jeder Narzisst redet.

Nächste Runde:
Wer schlägt wen?

Die Vulkanökonomie bietet Ihnen viele Möglichkeiten, Ihre Karriere, Ihr Geschäft, Ihr Unternehmen zu verbessern. Aber Sie werden auch angegriffen. Andere Unternehmen buhlen um die besten Mitarbeiter, die besten Kunden, die besten Zulieferer. Wie stellen Sie wirklich sicher, dass Sie diesen »Kampf« gewinnen? Hier ein paar Tricks, linke Haken und rechte Schwinger: BAMM! BAMM! BAMM!

FUN SCHLÄGT FAKTEN

»Fakten sind fürs Telefonbuch«, sagte Regisseur Werner Herzog einst so treffend. Fakten bringen null Spannung, haben kaum Sex-Appeal und meist eine eingebaute Verfallszeit.

Als wir klein waren, hatte unser Sonnensystem neun Planeten. Dann wurde good old Pluto 2006 zum »Kuiper-Belt-Objekt« degradiert. Jetzt haben wir nur noch acht Planeten. Na und?

Das tiefste Bohrloch ist in Windischeschenbach in der Oberpfalz. Ach ja... eins in Russland ist noch tiefer. So what?

Emotionen sind »meine eigene Wahrheit«. Ich finde meine Frau die beste Frau der Welt. Das ist MEINE REALITÄT. Und diese INDIVIDUELLE Realität gibt unglaublich viel Energie!

Wenn jemand von Windischeschenbach nach Russland zieht, »nur« um am tiefsten Loch der Welt zu wohnen, wundern wir uns. Was bewegt ihn/sie? Warum macht er/sie das? Ist es Liebe?

BAMM! ... schon sind wir genau am Punkt: Emotionen bewegen uns viel mehr. Wenn jemand aus Liebe nach XYZ zieht: LIEBE! Klar, das macht Sinn. Zieht er oder sie wegen der faktisch noch so interessanten Postleitzahl dorthin ... STRANGE! Komisch. Mit der Person spreche ich nicht mehr.

Wir finden manche Marken GEIL ... und andere eben nicht. Und für eine GEILE GELIEBTE Tasche zahlen wir – klar, das macht Sinn – mehr als für eine faktisch deutlich funktionsfähigere Variante. Sex schlägt Kopf. Die Kaufentscheidung fällt zwischen den Beinen.

Die besten Kunden, Zulieferer und selbst Investoren gewinnt man NICHT mit Fakten. Egal, wen Sie überzeugen möchten: Geschäftskunden für Millioneninvestitionen, Konsumenten, fitte Mitarbeiter: Wenn Ihr Unternehmen modern, sexy und professionell-locker rüberkommt, gewinnen Sie. Und modern, sexy und professionell-locker sind nun mal EMOTIONEN. Fakten wären: 12 800 Angestellte. ISO-9001-zertifiziert. Zwölf Prozent Umsatzsteigerung ... Fakten helfen, die Emotionen zu RECHTFERTIGEN ... BAMM!

Es ist leichter, den Kauf eines Autos, das ich liebe, zu begründen ..., als ein Vernunftauto zu lieben.

MAMA: Geh nicht zu diesem verrückten Start-up!
KIND: Aber die haben zwölf Prozent Umsatzsteigerung!
MAMA: Ja dann ...

Die Topabsolventen der besten Unis entscheiden sich heute zwischen den »McKinseys« und den »adidas-Google-Start-ups«. Bei der Unternehmensberatung machen sie 16-Stunden-Tage, weil es sich faktisch »auszahlt«. Bei den Fun-Unternehmen bleiben sie FREIWILLIG bis in die Puppen, weil es Spaß macht und es viel Raum für Interaktion mit interessanten Menschen gibt. Eine sexy-spaßige Unternehmenskultur bringt quasi »kostenlose Überstunden«, auch der Topleute.

FUN ist der Entscheidungsfaktor. Deshalb hat Google die berühmte Rutsche und Nike als Headquarter eher einen Sportplatz mit großem Café als ein Büro. Es begann mit der Cappuccino-Maschine und dem Kicker für die Mitarbeiter, und geht heute über die Xbox, die VR-Brille etc. Alles FUN ... nichts FAKT.

Das ist so in allen Bereichen: Chemieunterricht ist interessanter mit spaßigen Experimenten. Snapchat wird börsennotiertes Milliardenunternehmen mit lustigen Bildchen. 2017 zog Skype nach. Jetzt kann man auch bei Skype spaßige Bilder einbauen. Wird der Skype Call dadurch FAKTISCHER? NEIN! Er wird FUNNER! Und das ist der Punkt:

SCHAFFEN SIE MÖGLICHST IN ALLEN BEREICHEN FUN-NEID! INVESTIEREN SIE IN „SINNLOSE" DINGE, DIE COOL SIND. WER SPAß HAT, ARBEITET BESSER, KAUFT LIEBER, INVESTIERT MEHR, BLEIBT LÄNGER. WETTEN! (FUN)

SMART LINKS

EINE KNARRE SCHLÄGT VIER ASSE

Das ganze Leben ist ein Spiel. Und im Business geht das Spiel um Geld.
Sie kennen die Regeln: Wer die besten Karten hat, gewinnt.

Was sind die besten Karten?
Kommt darauf an, aber meistens sind Asse gut.
Am besten alle vier Asse.
Ass 1: Super Produkt!
Ass 2: Unschlagbarer Preis!
Ass 3: Super Distribution und Service!
Ass 4: Das perfekte Marketing!

Jetzt stellen Sie sich vor, Sie sitzen am Tisch und haben diese vier Asse.
Sie grinsen.
Vor Ihnen liegt das viele Geld.

Ihr Gegenüber am Pokertisch schaut Sie cool an ... zieht eine Knarre ...
und zielt auf Sie:
Wer gewinnt jetzt?
»Ungerecht! Das darf er nicht. Ist doch illegal!«

»NA UND!«, sagt er, grinst verschmitzt und entsichert. Dann steckt er langsam das ganze Geld auf dem Tisch ein und verschwindet im Dunkel des
Raumes zum nächsten Tisch.

Nach den offiziellen Spielregeln hätten Sie gewonnen, aber mit seiner Wumme hebelt er die Regeln aus. Sie haben die Asse in der Hand, das Geld ist weg: »einfach nicht fair«.

Aber Waffen wurden im Business-Poker schon immer gern gezogen. Früher waren die Knarren meist analog und hießen beispielsweise Strafzoll. Das ist zwar super Old School, aber manche Präsidenten denken auch heute noch so. »Ich habe die Idee des Jahrhunderts: Strafzölle für Waren aus dem Ausland!!! Dann werden die Autos, made in Germany, teurer und verlieren am Markt. Und Cars, made in USA, gewinnen!« Jetzt wirklich???

Neue Knarren sind viel potenter. Eher wie Dauerfeuer-Phaser und weniger wie klobige Colts. Waffen, wie der Supercomputer Watson, wissen, was ich kaufen möchte, bevor ich es bestelle (Predictive Analytics). Wenn ich es möchte, ist es schon da, und alle anderen sind zu spät. »Golfbälle?« Hab ich doch schon!

Aber jeder gute Waffenmeister weiß: Es geht nicht um die eine Waffe: analog ODER digital. Besser ist es, BEIDE Waffen zu haben: analog UND digital.

Napster war billiger (kostenlos) UND digitaler (Streaming) als Schallplatten/CDs. Uber ist billiger UND digitaler (Transparenz in Realtime) als klassische Taxis. Zwei Waffen ballern mehr als eine!

Was die altbekannten Waffen-Poker-Stars Napster, Uber, Airbnb etc. vor Jahren mit den jeweiligen Mitspielern an ihrem Tisch gemacht haben, wabert auch heute noch als Gefahr in der Vulkanökonomie:

1) Einer bricht mit bestehenden Regeln oder Gesetzen: Er zieht eine erste, meist illegale, völlig undenkbare Waffe.
2) Dann nimmt er das Geld. Und damit ändert er die Regeln. Die ehemals illegale Waffe wird legal.
3) Und alles fängt von vorne an.

Auf (illegales) Napster folgte (legales) iTunes. Und heute haben wir einen (bis dato völlig undenkbaren) eigentums- und besitzlosen Zugang zu allen Songs der Welt dank Spotify & Co.

Ist Ihr Business sicher? HAHAHAHA! Verschmitzter Grinser ... Waffe entsichert ... Geld weg. BAMM!

Zwei Waffen ballern

Lust auf eine Runde Business-Poker am Energiemarkttisch? Es ist zwar nur ein Gedankenexperiment, aber hey: Fun schlägt Fakten. Los geht's ...:

Die Ausgangssituation: Sie sind ein Versorger. Toller Strom, unschlagbarer Preis, Distribution und Drumherum optimal, und auch Ihr Marketing rockt. Alle Asse sind bei Ihnen.

Und dann zieht einer am Tisch die Waffe. Wie immer meist ein »Branchenfremder« ... sagen wir die Alphabet-Tochter Google. Auf der einen (analogen) Waffe steht »kostenloser Strom«. Und auf der digitalen Waffe stehen »Nest« und »Android«.

Mit seinem vernetzten Haustechniksystem Nest wird Google zur Schaltzentrale für Solarstrom, und über die Android-App wird alles gesteuert und abgerechnet. BAMM! BAMM!

Das Neue dabei: Waffen sind mittlerweile am Tisch erlaubt. Alphabet darf das. Sie dürften das auch! Kann so ein Szenario Wirklichkeit werden?

Würde Strom verschenken überhaupt Sinn machen für Google? Schauen wir mal:

Google interessiert sich insbesondere für Daten. ALLE DATEN, also auch, wann wir nach Hause kommen, welche Geräte wir wann wofür nutzen etc. Aus diesem Grund hat Google das Haustechniksystem Nest gekauft, den

Windkraftinnovator Makani Power und viele andere mehr. Gemeinsam mit E.ON verbreitet der Konzern zudem innovative Solarlösungen in Europa. Google ist also gut in Haustechnik und in innovativen Energielösungen. Google will aber noch mehr Daten von JEDEM und noch mehr Marktpenetranz. Mit Strom als weiterer Waffe könnte das super klappen!

Bei Tesla gab es auch lange Zeit kostenlosen Strom für die Autokunden. Auch Google könnte (theoretisch!) diese Knarre ziehen und damit viele echt in Bedrängnis bringen. Gepaart mit dem digitalen Nest und Android eine krasse Doppelwumme!

Auch Banken fühlten sich bis vor einigen Jahren sehr wohl mit ihrem Business-Modell. Die Hürden, um überhaupt an den Pokertisch gelassen zu werden (etwa Banklizenz, Filialnetz), waren viel zu groß für die Start-up-Youngster mit ihren schluffigen Klamotten und Baseball-Kappen. Die Security (Staat) würde schon dafür sorgen, dass man unter seinesgleichen bleibt. Als PayPal und andere Fintechs dann plötzlich doch am Tisch saßen, hörte das Lächeln bei den Damen und Herren Direktoren langsam auf. »Warum spielen die mit? Das dürfen die doch gar nicht! Die haben weder Filialen (Distribution) noch Service (Beratung).« Die Banken hatten die Karten. Die anderen hatten die Waffen. PayPal nahm die Kohle vom Bezahlmarkt, Kickstarter vom Finanzierungsmarkt und die Fintechs vom Anlagemarkt.

Alle immer mit der analogen (billiger) UND digitalen (einfacher, besserer Service) DOPPELWUMME.

FORTSPRINT SCHLÄGT FORTSCHRITT

Ohne Fortschritt lebten wir noch in Höhlen und würden unsere Haare mit Steinen schneiden. Aber ... hey ... war Haare schneiden nicht auch schon Fortschritt? JA! An sich ist Fortschritt und sogar Disruption nichts Neues. Disruption ist Teil unseres Heranwachsens. Kaum haben wir uns an den Uterus gewöhnt, müssen wir BAMM! raus in die Welt. Kaum haben wir gelernt, unsere Muttersprache zu reden, müssen wir BAMM! rein in die Schule: Fremdsprachen lernen. Kindergarten, Schulen, Uni, Jobs, Chefs, Kollegen, Beziehungen – BAMM!, BAMM!, BAMM! – alles Disruptionen des Status quo.

Das Alte ist weg. Das Neue ist da. Diese Disruptionen kommen entweder durch uns selbst: Ich finde Kinderlieder uncool und steige auf Hip-Hop um. Weg mit den alten Downloads, her mit den neuen Songs. Oder von außen: Schule ist fertig, Uni kommt.

Mit der Zeit werden die Wechsel dann seltener und auch beschwerlicher. Schritte fallen schwerer. Einstellungen und Meinungen wiegen schwerer. Euphorie weicht und macht Platz für Gemütlichkeit. Ab dem Tod wird es dann richtig statisch. Im Tod bleibt alles beim Alten. Das gilt für Menschen und auch für Unternehmen – wenn sie nicht aufpassen!

BEWEGUNG, WANDEL, ÄNDERUNG sind also per se gut! Denn sie stehen für Leben. Wer Kinder sieht, weiß: Die wollen Bewegung! Schon Babys im Kinderwagen finden FAHREN (= Wandel) beruhigender als STEHEN.

Das Problem ist nicht der Wandel an sich. Wir lieben das Neue. »JETZT NEU« war schon immer ein Kaufgrund. Das wahre Problem sind die Geschwindigkeit beim Wandel und der Wunsch nach einer Mumifizierung von Innovation, Prozessen und Rollen.

In der analogen Wirtschaft ging und geht es bei Innovationen um Patente. Man macht ein neues Ding und schützt es gesetzlich. Fertig! Kein anderer darf das dann verwenden – oder nur gegen Geld. Das erste Medikament gegen endogene Dispositionsakne (oder so) erfunden und BAMM! 20 Jahre Patentschutz, weltweit. Ein neuer Sensor für Polymere-Hyperregulation (oder so), Patent drauf und zu den Sack.

Wir verabschieden in unserem Unternehmen eine Digitalisierungsstrategie… und damit ist dann erst mal Ruhe. Sagt ja schon der Name: »verABSCHIEDET«. Auf Nimmerwiedersehen…

Wir lieben Fortschritt langsam. Wir lieben ROBUSTE Lösungen, die lange halten. LONG TERM ALPHA ist super!

Schon das Wort »FortSCHRITT« klingt nach langsamem »Schreiten«. Man weiß immer, wo man hintritt. Wir machen den Schritt dann, wenn wir wissen, dass der Boden FEST ist. So kommen SOLIDE Unternehmen vorwärts. Feste Schritte. Fester Boden.

Das Problem: Heute ist der Boden flüssig. Wir laufen eher über Wasser als über Granit. Alles schwimmt. Alles fließt. Fest ist vorbei.

Wie kann man da Schritt halten?

Ganz einfach. Statt langsam das gesamte Gewicht auf den Boden zu bringen, huschen wir SCHNELL über das Wasser. Wir treten leicht und schnell auf SEMIFESTE Objekte, auf den Baumstamm, der gerade vorbeischwimmt. Ja, unser Gewicht ist auf dem Baumstamm, aber nur KURZ! Bevor wir untergehen, sind wir schon wieder weg. Permanent BETA, nennt man das im Silicon Valley.

Permanent Beta heißt: Aus FortSCHRITT wird FortSPRINT. Alles wird schnelllebiger. Kaum eine Woche ohne App-Updates am Handy. Kaum ein Tag ohne neue Geschäftsideen aus dem Silicon Valley, Berlin oder Israel.

Ist das der einzige Weg? NEIN!

Die zweite Maus kriegt mindestens den Käse

Die erste Maus riskiert ihr Leben.
Die dritte Maus ist sicher zu spät.
Die zweite Maus macht den
besten Deal.

Die zweite Maus ist in einer super Position, denn sie kann entspannt auf dem Risiko der ersten Maus aufbauen. Erst mal abwarten, beobachten, im Hintergrund einen Plan machen, Ressourcen bereitstellen und dann BAMM! alle Kraft in die Perfektion der Idee investieren.

Dieses »nicht gleich als Erster aus dem Loch rennen« wird uns von vielen »Zukunftsexperten« immer etwas madig gemacht. Es werden Vorsicht-Zeigefinger gehoben und düstere Zukunftsszenarien gezeichnet. Alle raten: »Riskieren ist der einzige Weg. Waghalsigkeit gewinnt. Wer vorsichtig ist, verliert.«

Aber hey, so sind wir halt bei uns daheim! Jugendliches Losgesause machen die »Guys and Girls« aus Kalifornien, London, Haifa. Wir bei uns kümmern uns um Perfektion und Qualität, denn das kann kaum jemand besser als wir, besonders im deutschsprachigen Raum.

Wenn Sie als zweite Maus JETZT FortSPRINTEN, schaffen Sie den Anschluss an alles! WICHTIG: Auch die zweite Maus braucht Mut. Denn wer im Loch bleibt, kommt nie an den Käse! NOCH WICHTIGER: Jetzt handeln. Werden Sie nicht zur dritten Maus: Dann ist der Käse hundertprozentig weg!

JAJA ...
DIE SENSOREN AUS
SILICON VALLEY
WAREN IN DEN ERSTEN
IPHONES. ABER
JETZT HAT BOSCH
DEN JOB! BAMM!

JAJA ...
DIE ERSTE GROSSE
ELEKTRO- UND AUTONOM-
FAHRWELLE KAM

AUS KALIFORNIEN,
ABER JETZT SIND DIE
DEUTSCHEN AUTOBAUER
AM ZUG. BAMM!

JAJA ...
DAS GPS WAR DAS
ERSTE NAVIGATIONS-
SYSTEM, ABER JETZT
IST DIE BESSERE
EUROPÄISCHE ANTWORT
„GALILEO" DA. BAMM!

KINDER-POWER SCHLÄGT ALLES

Wirtschaft ist aber nicht Theorie – sondern Praxis! Darum machen wir jetzt kurz Pause mit dem trockenen Stoff und gehen raus ins Grüne. Wir starten einen Versuch – YEAH!

Alles, was wir dazu brauchen, ist eine leere Flasche (durchsichtig), einen Garten (grün), eine Biene (lebend) und eine Fliege (auch lebend) sowie ein Stativ und etwas Klebeband.

Nun stecken Sie als Erstes die Biene in die leere Flasche. Gemein, aber so geht Forschung. Jetzt kleben Sie die Flasche FEST ans Stativ. Waagerecht, und zwar so, dass der BODEN der Flasche zum GARTEN zeigt. Wer zum Garten will, knallt also gegen den Boden! Gut? Alles klar. Jetzt beobachten. Was passiert?

Ganz klar: Die Biene will raus aus der Flasche und hin zum Garten. Denn Garten ist IMMER gut. Da gibt´s Blüten und alles. Also fliegt sie los. Aber der Flaschenboden hindert unsere Biene. Sie kommt nicht raus. Also fliegt sie stärker. In ihrem Bienenhirnchen läuft ein Programm ab. »Maja (oder so) streng dich an… konzentrier dich… mehr Einsatz!!« Doch Maja kommt nicht weiter, fliegt immer nur gegen den Boden der Flasche. Sie kommt und kommt nicht raus. Dabei gibt die Gute alles. Und irgendwann ist der Test zu Ende. Biene tot. Schade.

Jetzt kommt Schritt 2: Biene würdevoll beerdigen, Fliege rein.

Flasche waagerecht… Flaschenboden zeigt wieder zum grünen, maximal attraktiven Garten… los geht's.

Die Fliege will auch raus aus der Flasche. Auch sie will zum Garten. BAMM! … knallt sie an den Boden, BAMM! noch mal… klappt nicht. Jetzt fliegt sie »chaotisch« in der Flasche herum. »Scheiß Fliege«, heißt das normal bei uns. »Trial and Error«, heißt das normal im Business. Hier nennen wir es mal: AGILES ESCAPING. Und tatsächlich: Kurze Zeit später zahlt sich die Agilität aus. Die Fliege findet zufällig den Flaschenhals, NUTZT DIE CHANCE und ist in durchschnittlich vier Minuten raus aus dem Gefängnis! Die Biene stirbt… die Fliege lacht. WARUM?

Nur die Harten kommen in den Garten!

Die Biene macht stur, was ihr die Bienenmama gesagt hat: »Maja, du musst dich immer nur genug anstrengen und DAS ZIEL NIE aus den Augen verlieren. Dann wirst du immer an den Honig kommen.«

Die Fliege agiert ohne Konventionen, probiert »dumm« einfach aus. Und wenn es nicht klappt, EGAL, was anderes probieren. Die Fliege scheißt auf Hierarchien (Gehirn dominiert Gefühl), sie scheißt auf Fehler (na und!), sie hat Mut (da bin ich noch nie hingeflogen) und agiert agil auf Probleme (dann probiere ich etwas Neues).

Fehlerkultur nennt man das im Business. Unvoreingenommen testen! Machen! Und wenn man mal in die Scheiße tritt: NICHT EINREIBEN!

Ende vom Test. Alles wieder abbauen. Weiter geht's mit Kopfarbeit, denn jetzt übertragen wir das Beispiel auf uns: Wir alle werden als Agile-Escape-Fliege geboren und entwickeln dann mehr und mehr einen ordentlichen »So geht das und so geht das nicht«-Bienencharakter. Das ist zum einen gut, denn dank Konvention und Regeln können wir solche Sachen wie Auto fahren oder richtig stabile Brücken bauen. Aber dann gehen wir hinaus in die Welt und merken, dass der Verkehr manchmal nur dank chaotischem AGILEN ESCAPING funktioniert. Und dass die Brücken und Häuser in Erdbebengebieten nur deshalb halten, weil sie gerade NICHT besonders stabil sind.

Das Fliegenhirn scheint also in chaotischen Zeiten, im sich ändernden (liquiden) Umfeld, dem Bienenhirn überlegen zu sein. Auch in uns steckt von Geburt an diese Form der Agilität. Diese angeborene Agilität sollten Sie auch HEUTE für sich, Ihre Karriere, Ihr Business nutzen. Und wenn Sie das verlernt haben sollten, lernen Sie es JETZT wieder neu! Willkommen in der BAMM!-SCHULE.

ERSTE STUNDE: Der NEIN-Hammer

Als Sie drei Jahre alt waren, fragten Sie dauernd »WARUM?«. Aber was machten Sie vorher? NEIN SAGEN!

Ihre zweite Superpower war und ist der NEIN-Hammer. »NEIN sagen!« Das konnten Sie als Kind wahrscheinlich besser als viele Manager heute, und zwar von der ersten Stunde an. Als Ihre Mama nach der Geburt das erste Mal verschwitzt-liebevoll ihre Brust zu Ihnen rüberreichte und Sie dann – was für ein GLÜCK – auch gleich trinken konnten, dauerte es vielleicht eine Minute bis zum ersten NEIN ihres Lebens. Ist das Baby satt, wendet es sich fast angewidert von der mütterlichen Brust ab und denkt: »NEEEIIIN, ich will das Zeug nicht mehr. Ich bin SAAAATTTT!«

Fortan penetrieren wir unsere Welt mit durchschnittlich drei Milliarden NEINS pro Jahr: NEIN zum Apfel, NEIN zur Unterhose ohne Feuerwehr-mann, NEIN zu Schuhen ohne Prinzessin, NEIN zum Schlafen, NEIN, NEIN. Was wir doof finden, negieren wir.

Und das ist super: Denn »Nein sagen« ist die Basis jeder Innovation. »Inno-vation ist die Negation des Bestehenden«. NEIN sagten Sie früher. Und das ist schneller! Klarer! Unkomplizierter!

NEIN zur Kutsche brachte das Auto.
NEIN zur Kerze brachte die Glühbirne.

NEIN zur Bank brachte Fintech.

NEIN zu Unfällen wie Fukushima brachte die Energiewende.

Sagen Sie NEIN zum Status quo. Lehnen Sie das Bestehende oder Drohende ab. Und was Sie dann erfinden, kann und wird die Welt verändern.

ZWEITE STUNDE: Die W-Strahlen

In der ersten Stunde erinnern wir uns an die uns angeborene Superkraft, dauernd und immer wieder »WARUM?« zu fragen.

Denken Sie zurück. Sie sind drei Jahre alt: Was machen Sie?

Mit Ihrem quengeligen »Warum ist das so? Warum geht das nicht? Warum dies, warum das?« brachten Sie nicht nur die Nerven Ihrer Eltern zu Fall. Sie hinterfragten auch jegliche Regel und Konvention.

Diese Superkraft ist auch heute für Sie und Ihr Unternehmen unvorstellbar wertvoll. W-STRAHLEN schaffen die Basis für Neues.

»MAMA, warum können Pakete nicht fliegen?«
BAMM!: Super Geschäftsidee! Machen wir Drohnen-Logistik!

»PAPA, warum müssen wir im Supermarkt immer so lange anstehen?«
BAMM!: Klasse Service-Idee! Machen wir Self-Check-out!
Oder noch besser: Amazon Go.

»MAMA, warum musst du das Planschbecken immer so lange aufpusten?«
BAMM!: Coole Produktidee! Machen wir Wurfplanschbecken« (Pendant zu Wurfzelten).

ALLES zu hinterfragen ist eine nicht zu unterschätzende Superkraft, die vor allem Start-ups nutzen, die aber auch SIE nutzen sollten. ALLES, was stört und nervt, ist sehr wertvoll.

You don't own a product, you own a problem, und W-Strahlen finden das Problem. Und zwar problemlos.

DRITTE STUNDE: Die W-Strahlen, Teil 2

Echte Superpower hatten Sie nicht nur in Ihrer Kindheit. Denn als Teenager toppten Sie das Ganze: Erinnern Sie sich?

Als Sie älter wurden, kam eine kleine, aber äußerst wichtige Ergänzung hinter dem geübten »Warum?«. Mit der schlichten Frage »Warum NICHT?« ließen Sie als Teenager Ihrer Kreativität freien Lauf.

ELTERN: »Du darfst nicht bis elf raus!«
SIE: »Warum nicht?«

Heute klappt das noch immer. Locker-lässig schlurfen Teenager herum und revolutionieren entspannt alles um sie herum. »Vokabeln lernen ist scheiße. Ich fotografiere die mit meiner Smartwatch ab. Hihi!« »WARUM NICHT?« Coole Idee. Ich poste das mal.«

»Warum nicht?« hat das Potenzial, Neues mit ungeahnter LEICHTIGKEIT zu erfinden und voranzutreiben. Es sagt sich locker. Es ist immer POSITIV. Teenager-Style eben: entspannt rumhängen und intuitiv die Welt verändern.

↗ Video: Im Teenager Style verrückte Ideen umsetzen:
  Musik mit 2000 Murmeln
↗ Video: Im Teenager Style verrückte Ideen umsetzen:
  Ich mach mal Musik mit nem Wok

SMART LINKS

Warum? **Nein!** **Warum nicht?**

WARUM hinterfragt das Bestehende, NEIN lehnt es ab und eröffnet so die Suche nach dem Besseren, WARUM NICHT gibt uns dann die Lockerheit, das Bessere einfach mal auszuprobieren und ohne viel Heckmeck locker-flockig umzusetzen.

GEBEN SIE
IHREN INGENIEUREN,
MARKETERN, PRODUKT-
ENTWICKLERN ETC.
UND VOR ALLEM SICH
NOCH MEHR FREIRAUM,
KIND ZU SEIN!

AUSBLICK.

BAMM!

DISRUPTIVE TRENDS VERÄNDERN GANZE BRANCHEN!

Die BAMM!-Trends

Sie kennen aktuelle Trends wie Internet of Things, Blockchain oder Sharing? Kommt hier also ein Kalter-Kaffee-Kapitel, das Sie getrost überblättern können? Hmm, vielleicht nicht! Denn wir bieten Ihnen Einordnung und eine Sichtweise, die Sie so vielleicht noch nicht kennen. Mit einer steilen These vom Google-CEO geht's gleich strategisch bedeutsam los.

KÜNSTLICHE INTELLIGENZ – ICH SEHE WAS, WAS DU NICHT SIEHST

»Das Zeitalter des Smartphones ist vorbei – jetzt beginnt die Ära der künstlichen Intelligenz«, sagte Sundar Pichai, der CEO von Google, im Original zwar etwas harmloser (»I think we are moving from a Mobile First to an AI First World«), aber dennoch mit einer unglaublichen Klarheit. KI soll im Mittelpunkt aller Google-Dienste stehen und den Nutzern das Leben leichter machen. »Google Lens« kann Objekte vor der Smartphone-Kamera erkennen – egal, ob es sich um eine Pflanze oder ein Restaurant handelt. Google liefert in der Folge Pflegetipps (für die Kletterrose) oder eine Bewertung (für das Burgerlokal). Google bietet mit KI Echtzeit-Übersetzung in andere Sprachen. Die Google-Home-KI erkennt Nutzer an der Stimme und sucht für die Person passende Informationen heraus.

In das KI-Horn stoßen derzeit so ziemlich alle bedeutenden Tech-Manager, Investoren und Analysten. Was steckt dahinter? Warum ist KI so wichtig?

Dazu schnell ein kleiner Exkurs zur besseren Einordnung von KI und Kommunikation. Ein Blick zurück nach vorne. Rauchzeichen und Telegrafie waren mühevoll und langsam. Fernsprecher klappte schon besser, man konnte bereits ganz normal reden. FernSPRECHEN eben. Wir brachten so viel mehr C/h (Content pro Stunde) auf die Spur als mit Rauchzeichen oder Telegrafie. Aber es gab noch wenige Kommunikationsstationen (Telefone).

Dann kamen Festnetz, das Satelliten-/Autotelefon und dann BAMM! das MOBILtelefon. Der C/h-Faktor und die Stationen schossen exponentiell in die Höhe. In dieser Phase quatschte jeder von überall mit jedem, und es wurde gesimst, was das Zeug hält: Kommunikation über Sprache und SMS war super: VIEL SPRACHE + VIEL TEXT über VIELE GERÄTE.

Mit Smartphone und Wearables (wie Fitness-Tracker etc.) sind wir heute bei SEHR VIEL SPRACHE, SEHR VIEL DATEN, SEHR VIEL TEXT, SEHR VIEL BILDER, SEHR VIEL ALLES über SEHR VIELE GERÄTE.

Und mit dem Internet of Things steht ein weiterer, EXTREMER Sprung vor der Tür. Bis 2020 sollen rund 50 Milliarden und in zehn Jahren sogar eine Billion (1000 Milliarden) »Dinge« miteinander verbunden sein. Milliarden vernetzter Geräte, Satelliten, Maschinen- und Wettersensoren, Gebäude, Fahrzeuge und Anlagen werden zu Teilen dieses Kommunikationsuniversums.

Sie erkennen den Trend: immer mehr Kommunikation/mehr Übertragung und immer mehr Distribution! Die Atmosphäre der Vulkanökonomie wird dichter und dichter. Wo ist das Ende? Wie immer: bei aller Kommunikation und aller Distribution. ALLES REDET MIT ALLEM, UND DAS AUF ALLEN WEGEN. Und wie lässt sich das steuern? Voilà: Keiner kann das besser als KÜNSTLICHE INTELLIGENZ!

KI ist also viel mehr als einfach nur »künstliche Intelligenz«. KI wird das OPERATING SYSTEM of EVERYTHING! Wenn alles vernetzt ist und der KÖRPER des Internets aus ALLEM besteht, ist KI das HIRN, das diesen Körper steuert.

Im Moment operiert KI mit getrennten Hirnen für jeden Körperteil. Schon bald wird »meine KI« aber mit der KI eines Anbieters über den Preis verhandeln, selbständig Ware kaufen, mit der KI des Transportunternehmens die Logistik klären und mit der KI der Banken das Finanzielle erledigen. Jeder redet mit jedem. Wer da nicht mitmacht, ist stumm, taub und steht am Rand.

Ist diese extreme Kommunikation mit noch ungeahnter Distribution das »Endgame« der Telekommunikation, an deren Anfang einmal Rauchzeichen und das Telegrafenamt standen? Sicherlich nicht.

Klar ist aber, dass KI in kurzer Zeit den Sprung von einer niedlichen Science-Fiction-Idee zu der dominierenden Technologie für SO ZIEMLICH ALLES vollziehen wird. Insbesondere die Methodik des Deep Learnings spielt eine Schlüsselrolle bei allen wichtigen Entwicklungen. Auf Basis künstlicher neuronaler Netze trainieren sich Maschinen mittlerweile selbständig, lernen daraus und verbessern so unaufhaltsam ihre Performance.

Ob Schach oder Poker oder Go. Erst sind sie noch unbeholfen, dann immer besser und ein paar Stunden später auf einem völlig übermenschlichen Niveau. Und das nicht nur »intellektuell steuernd«, sondern auch in Form von Bewegungen und Abläufen. Der Roboter Pepper trainierte beispielsweise das Kinderspiel »Fang den Ball auf dem Stock«. Erst konnte er es gar nicht, dann besser, am Ende 100 Prozent perfekt.

Künstliche Intelligenz kann bald vieles besser, als wir es können. KI ist der Hammer für richtig viele Nägel.

SMART
LINKS

↗ Interessanter Spielfilm über KI: *Ex Machina*
↗ Website: Der KI-Cloud eines Aufzugherstellers beim Quasseln zuhören

Google Brain, eine Forschungsabteilung des Mutterkonzerns Alphabet, hat bereits eine KI hervorgebracht, die selbständig weitere, bessere KI entwickelt. Wie diese Methode genau funktioniert, wissen die Google-Forscher selbst nicht. Sie sehen nur, DASS es super funktioniert und unaufhaltsam schneller, schlauer und besser wird. WIE das geht, ist in der Blackbox versteckt. Die Maschine programmiert sich SELBST!

Kein Wunder also, dass Algorithmen und KI ihren Siegeszug in der Wirtschaft begonnen haben: Sie können besser planen, schneller lernen, treffender voraussagen. KI kennt ALLE Zahlen, kann ZUSAMMENHÄNGE deutlich schneller und besser aufdecken und veranschaulichen als jeder Mensch. Es gibt bereits einige Beispiele, wo KI Vorstandsposten innehat oder als beratender Stab eingesetzt wird.

KI findet aber auch Einsatz in der Personalplanung. Gleitzeit? Warum? KI-unterstützt kann jeder Mitarbeiter individuelle Präferenzen angeben: Frau Lehmann möchte Montagvormittag gerne einen Kurs besuchen, am frühen Nachmittag ins Gym und abends zwischen 20 und 22 Uhr im Homeoffice arbeiten. Sie möchte sich zudem gerne sprachlich weiterentwickeln (Französisch) und mehr von der digitalen Welt verstehen. Urlaub am liebsten dann und dann… Die KI nimmt die individuellen Präferenzen auf und matcht sie mit den Aufgaben/Fortbildungsangeboten. Und das nicht nur bei einer Person, sondern bei Tausenden.

Kein Manager könnte so viele Extrawürste so perfekt braten. Kein Abteilungsleiter würde so flexibel außerhalb der »Norm« planen. Der künstlichen Intelligenz ist das alles egal. Hauptsache, die Aufgaben werden erfüllt und die Mitarbeiter sind glücklich.

KI kann auch hervorragende Dienste im Service leisten und Probleme mit Ursachen matchen. KI hat Zugriff auf das gesamte Wissen in der Internet-Cloud, kann Fehlerwahrscheinlichkeiten vorhersagen sowie Lösungsvorschläge anbieten. Der Mensch wird im Idealfall »digital upgegradet«. Er kann eine ganzheitliche Sicht auf Probleme anbieten, bei denen die KI spezifische Lösungen bietet. Ebenso kann uns die KI auch »digital downgraden«. Der »schlechte Arzt« verkümmert zum »Rezeptschreiber«, der gute Arzt entwickelt sich zum »Gesundheits-Holistiker« weiter.

Bei RWE erkennt KI mittlerweile spezifische Muster in eMails oder Briefen und kann Anliegen sowie deren Weiterverarbeitung automatisiert ableiten.

KI kann Kunden helfen, Dinge schneller zu finden. Beim Online-Händler OTTO liest eine KI alle Produktrezensionen (und das sind echt VIELE) und erstellt daraus Themenschwerpunkte. Wir Menschen werden also bei unseren menschlichen Fragen wie »Fallen die Sneaker größer aus?« von Maschinen besser unterstützt, ohne Tausende von Kommentaren lesen zu müssen.

KI findet außerdem Finanzierungstrends und interessante Investitionsmöglichkeiten. Dazu wertet es beispielsweise klinische Studien, geistiges Eigentum oder verschiedene Maßnahmen zur Kapitalbeschaffung von Unternehmen aus und vergleicht sie automatisch nach bestimmten Parametern. Binnen Sekunden kann so quasi auf Basis ALLEN Wissens genau die EINE interessante Biotech-Company gefunden werden. Mittlerweile werden 70 Prozent aller Finanztransaktionen von Algorithmen getätigt. Nahezu jede Bank nutzt Robo-Advisors, um das Portfolio besser, schneller und perfekter zu managen.

Es gibt immer mehr Beispiele und die Zahl wird exponentiell wachsen. Der Einsatz von KI steigert die Fähigkeit einer Organisation, für jede Situation in kurzer Zeit adäquate Entscheidungen zu treffen (Stichwort kognitives Unternehmen). Wird das Topmanagement von heute dadurch obsolet? JEIN! Topmanager, die hauptsächlich klassische Planungs-, Ablauf- und Controlling-Aufgaben erfüllen, werden wohl früher oder später digital ersetzt. Aber es kommen viele neue Aufgaben auf den Tisch.

Viele Manager werden folglich ANDERE ARBEIT machen als heute. BAUCH-GEFÜHL, VISION und (hoffentlich) MENSCHLICHKEIT und EMPATHIE werden bleiben, wachsen und (hoffentlich) noch mehr aufblühen als heute. Denn die meisten von uns arbeiten nicht für ihre Firma, sondern für ihren Boss und/oder ihr Team. Wir arbeiten konkret für MENSCHEN ... und das wird auch dann so sein, wenn Kollege KI bei uns im Büro sitzt.

»So paradox es klingt: Es geht darum, die Menschen in den Mittelpunkt der Entwicklung künstlicher Intelligenz zu stellen – und dafür müssen Unternehmen diese Entwicklung nicht nur technisch forcieren, sondern auch ethisch reflektieren. Auf vier Punkte kommt es an: 1. Erklären, was wir tun, uns auch dem kritischen Diskurs stellen. 2. Die Menschen zum Umgang mit KI befähigen, sie schulen. 3. Auf Anwendungen setzen, die möglichst unmittelbaren Nutzen stiften, etwa Unfälle vermeiden, vorausschauend Produktionsfehler oder auch Krankheiten diagnostizieren. 4. Die Menschen mit KI nicht ersetzen, sondern ihre unersetzbare Kreativität ergänzen.«

VOLKMAR DENNER, CEO, ROBERT BOSCH GMBH

Wichtig: KI lernt selbst! Wie bei Kindern kommt es aber darauf an, WAS KI lernt und von WEM! Das offene System Tay Tweets war bekanntlich in kürzester Zeit aufgrund des Inputs rassistisch. Kein Wunder, dass Watson und andere kognitive Computer mächtige Kontrollsysteme haben.

IOT – DER KAFFEEKLATSCH DER MASCHINEN

Parkplatzsuche ist lästig. Man kurvt auf gut Glück durch Seitenstraßen, nutzt Insiderwissen (hinten in der Schleifmühlgasse ist öfter mal was frei) und landet letztlich im Parkhaus: *Wien Operngarage*: 46 Plätze verfügbar! Das Parkhaus weiß, was noch frei ist, und sagt mir das.

Hätte JEDER öffentliche Parkplatz einen Sensor, könnte man einfach zum freien Parkplatz hinfahren. Smart Parking nennt sich das. In Moskau spart Smart Parking schon richtig viel Benzin (und Nerven).

Wenn Smart Parking flexibel ist, wird das Parken am übervollen Schwimmbad teurer, an relativ leeren Orten hingegen billiger. Smart City nennt sich das. Die Parkuhren in San Francisco sind schon so definiert. So können Verkehrsflüsse (und Kundenflüsse) gesteuert werden. Wenn es voll ist, wird's teuer. Wenn es leer ist, billiger. Wenn bei mir im Lokal gar nichts los ist, biete ich den Parkplatz vor meiner Kneipe einfach umsonst an. Die Folge: Mehr Gäste kommen. Alles wegen der VERNETZUNG des Parkplatzes mit ihrem Auto, Lokal, Schwimmbad, ALLEM und dem Bezahlsystem beim Parken.

Das geht natürlich nicht nur mit Autos. Das »Internet of Things« ist eigentlich das »Internet of Everything«. Alles lässt sich mit Sensoren ausstatten und »schlau« sowie selbständig machen.

↗ Der Waschmittelbehälter in der Maschine meldet: »Ich bin bald leer.« Die Maschine bestellt das Zeug nach. Wir müssen uns nie mehr um Waschmittel kümmern.

↗ Der öffentliche Müllbehälter meldet: »Ich bin schon zu 80 Prozent voll.« Der Müllwagen plant bei seiner nächsten Tour einen Stopp ein. Die Müllabfuhr muss nicht IMMER ALLE Tonnen leeren, sondern nur die wirklich vollen.

Betrachtet man den Effizienzgewinn pro einzelnem Ding, bringt IoT nicht immer viel. Ist doch egal, ob die Glühbirne XYZ bald kaputtgeht! Bei Hunderten oder Zigtausenden von diesen Dingern wird's aber geschäftlich spannend. So spannend, dass sich das ganze Geschäftsmodell ändert: Glühbirnen werden EN BLOC ausgetauscht, aber nur die, die bald kaputt sind. Und in der Smart City wird der Verkehrsfluss »Kammlinien-optimiert«, glättet also zum Beispiel durch flexible Preise beim Parken oder bei der U-Bahn die Höhen und Tiefen in der Auslastung von Stadtteilen oder einzelnen Läden. Die Reservierung eines Tisches im Restaurant beim Concierge vernetzt mit nichts… außer einem Blatt Papier auf dem Tisch. Die gleiche Reservierung im IoT-Restaurant kann je nach Auslastung mal billiger, mal teurer sein, und wenn echt wenig los ist, gibt's das Bier oder auch die Abholung mit Uber gratis dazu.

Schauen wir uns ein weiteres, wirklich berühmtes Beispiel an – quasi das Paradebeispiel für IoT: den sagenumwobenen Milch nachbestellenden Kühlschrank. Üblicherweise verbrauchen wir, sagen wir mal, zwei Liter Milch die Woche. Vielleicht steht nun aber (hurra!) der Familienurlaub vor der Tür und ich will gar keine frische Milch mehr. Oder am Samstag ist (hurra!) endlich wieder ein Kindergeburtstag und es werden Unmengen an Milch für Kakao und Pudding benötigt. Das bedeutet, der Kühlschrank müsste mit meinem Terminkalender und Rezeptplaner vernetzt sein und WISSEN, dass ich am Samstag VIEL Milch und in den nächsten zwei Wochen KEINE Milch benötige. Sie sehen: IoT wird dann richtig wirksam, wenn der Grad der Vernetzung wirklich hoch ist.

Doch was, wenn diese Daten nicht nur dem Kühlschrank, sondern beispielsweise auch AmazonFresh vorliegen und uns die Amazon-Drohne die Milch oder besser das Kochpaket für den Tag in, sagen wir mal, schlappen 30 Minuten nach Hause liefert? Der physische Kühlschrank als »frischhaltendes Zwischenlager« könnte – voll im Gegensatz zum jetzigen Trend – KLEINER werden. Denn unser VIRTUELLER Kühlschrank wäre dank AmazonFresh oder Ähnlichem UNENDLICH groß. Wer also vom Produkt zum smarten Produkt und dann weiter zum SMART CONNECTED Produkt avanciert, muss erkennen, dass sich das GESCHÄFTSMODELL ändert. Entweder durch Sie... oder durch andere.

Das passiert nie? Fragen Sie mal die Musikindustrie... Ihr »Musik-Zwischenlager« (Schallplattensammlung) ist heute wahrscheinlich deutlich kleiner als früher… Ihre VIRTUELLE MUSIKSAMMLUNG (Spotify oder Ähnliches) dagegen unendlich groß!

Fragen Sie heute einen Teenager, welche Lieder er im Handy gespeichert hat… Antwort… blöder Blick… ALLE! Fragen Sie übermorgen den gleichen ehemaligen Teenager, welche Joghurts er im Kühlschrank hat… Antwort… blöder Blick… ALLE!

Verkehr, Städte, Häuser, Fabriken … überall wird IoT immer wichtiger:

↗ **Siemens Building Technologies wertet beispielsweise Daten aus über 100 000 vernetzten Gebäuden aus. Resultat: Verringerung des CO_2-Ausstoßes um rund zehn Millionen Tonnen und Einsparung vieler Millionen Euro.**

↗ **Der Kölner Koffer-Traditionshersteller Rimowa verbindet seine Koffer dank »Electronic Tag« mit dem Internet und wird damit vom analogen KOFFERPRODUZENTEN zur digitalen DATEN-COMPANY.**

↗ **KONE vernetzt zwei Millionen Aufzüge und Rolltreppen weltweit, um eine vorbeugende Wartung und damit höhere Servicequalität zu ermöglichen. Man kann den Aufzügen sogar live bei ihrer Kommunikation zuhören.**

»Mit dem GARDENA smart system haben wir 2016 das erste integrierte System zur automatisierten Rasenpflege und Gartenbewässerung auf den Markt gebracht. Wir sind damit weltweit führend. Das smart system vereint unsere erfolgreiche Markentradition, in Systemen zu denken, mit den faszinierenden Möglichkeiten, die IoT bietet. Bereits 1985 haben wir die Bewässerungssteuerung per Computer am Markt etabliert. Heute auf IoT zu setzen, ist daher eine konsequente Weiterentwicklung unserer Produktphilosophie.

Durch IoT bedienen unsere Kunden nun vermehrt unsere App, also Software, die im Wesentlichen die »smarte« Logik unserer Produkte enthält. Für unsere Kunden wird die Gartenpflege nun noch einfacher und weniger komplex. Für uns ist das Gegenteil der Fall, denn Hardware UND Software anzubieten, erfordert neue Kompetenzen und eine andere, deutlich agilere Methodik in der Entwicklung. Mit der Akquisition des schweizerischen Start-ups Koubachi haben wir uns zusätzliches IoT-Know-how ins Haus geholt und rund um diesen Kern einen neuen Standort in Zürich aufgebaut. Hardware- und Softwareentwicklung in Ulm und Zürich arbeiten eng zusammen.«

HERIBERT WETTELS, DIRECTOR PUBLIC RELATIONS, GARDENA GMBH

Wie viele Joghurts hast du im Kühlschrank?

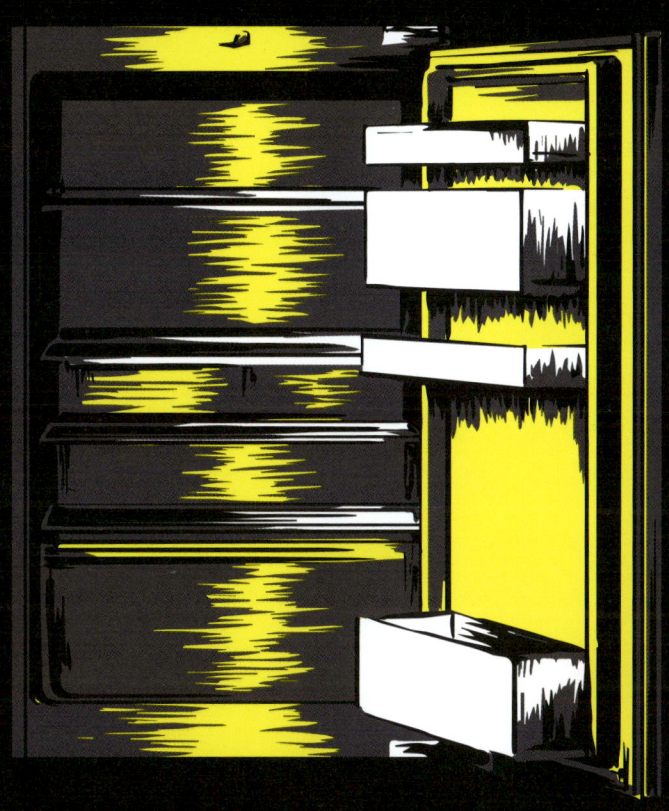

HÄ!? Alle!

Die IoT-Wasch-, -Kaffee-, -Putzmaschine wird zum Kunden. Die Maschine kauft Waschpulver, Kaffeebohnen, Reinigungsmittel selbst und ohne Ihre Hilfe.

Ihr Geschäftsmodell verlagert sich vom Gewinn beim KAUF zum Gewinn bei der NUTZUNG, denn Sie als Hersteller können an jeder Bestellung der Verbrauchsmaterialien (mit)verdienen. Die Konsequenz: Erstkauf wird billiger! Restocking von Material automatisch. Aus PUSH (hier unsere Werbung) wird PULL (die Maschine zieht sich alles Nötige selbst).

Ein T-Shirt mit Sensoren ist normal teurer als eines ohne. In der VULKAN-ÖKONOMIE ist das Sensoren-Shirt im Zweifel KOSTENLOS, zum Beispiel, wenn die Daten an die Krankenkasse gehen. Aus dem PRODUKT (T-Shirt) wird ein SMART PRODUKT (mit Sensoren), dann ein SMART CONNECTED PRODUKT (Daten gehen zur Krankenkasse). Wenn Sie das Gleiche machen wie vorher (T-Shirts), nur eben »smart connected«, nutzen Sie IoT nicht! Am Ende muss ein neues Geschäftsmodell stehen. »Tausche Daten gegen Service«.

COBOTER – NEHMEN UNS ARBEIT AB

Wir kennen Industrieroboter als riesig und stark. Sie arbeiteten früher in Käfigen, um menschliche Arbeiter vor ihrer immensen Kraft zu schützen. Wer einem Roboterarm in den Weg kam, war Matsch. Viel Kraft – wenig Hirn: Roboter (aus dem Russischen Robota = Arbeiter) eben.

Heute befinden wir uns im Umbruch. Ja, es gibt immer noch große, extrem kraftvolle Roboter – im Hafen zum Beispiel. Aber fast alle haben Sensoren. Sie achten auf ihr Umfeld, sind stark, aber vorsichtig. Und immer öfter dank der Cloud mit einem kräftigen KI-Hirn ausgestattet. Immer mehr kleine und kleinste Roboter kommen auf den Markt. Sie ziehen Schräubchen an, arbeiten da, wo die großen nicht hinkommen. Die Zeit der Coboter ist da! Vernetzt, aufmerksam, schnell, verlässlich, stets gesund und ohne Betriebsrat. Ihr Arbeitgeber: die Smart Factories.

Beispiel adidas: Mit ihrer neuen, gemeinsam mit OECHSLER betriebenen Speedfactory in Ansbach stellt das Sportflaggschiff erstmals nach rund 20 Jahren wieder Produkte »made in Germany« her. Auch Siemens trägt dazu bei, die Produktionsprozesse anhand eines digitalen Zwillings stetig zu verbessern. Die 160 Mitarbeiter in der Speedfactory sind allesamt hoch qualifiziert und sorgen für Qualitätskontrolle und Wartung. In nur fünf Stunden zaubern Roboter und 3-D-Drucker aus Garn, Kunststoffkügelchen und Schnürsenkeln vollautomatisch einen adidas-Laufschuh. 500 000 Stück im Jahr. Markteinführungszeiten werden massiv verkürzt (von 18 Monaten auf drei und weniger Monate). Zum anderen können Schuhe auch in kleinen Mengen hergestellt werden.

Bei weltweit einer Million produzierten adidas-Schuhen pro Tag (!) fällt die Kapazität einer Speedfactory noch nicht ins Gewicht. Doch das Beispiel ist sinnbildlich für einen Trend, der mittel- und langfristig zu Verschiebungen in globalen Produktions- und Logistikketten führen wird.

Die gesamte Industrie arbeitet an besseren Robotern: Siemens entwickelte beispielsweise einen mobilen Spinnenroboter, der mit KI und 3-D-Druckfunktion ausgestattet ist. Diese »SpiderBots« sollen eines Tages Strukturen und Oberflächen großer, komplexer Gebilde wie Flugzeugrümpfe oder Schiffskörper gestalten. Untereinander kommunizieren sie digital, mit Menschen in der jeweiligen Landessprache.

Die Ansichten und Gefühle zu Robotern gehen zwar immer noch stark auseinander. Die einen fürchten sich vor einem Arbeitsverlust, andere freuen sich über die Möglichkeit, Produktion mit europäischem Know-how anders, schneller, besser zu machen.

Und die Industrie ist nur einer von vielen Bereichen:

Die Nahrungskette wird coboterisiert: Autonome, vernetzte Melk-, Mäh-, Pflanz- und Ernteroboter sorgen für maximale landwirtschaftliche Erträge – und wenn die Ernte eingefahren ist, backen Roboter das Brot, schneiden die Tomaten, grillen den Burger und machen die Pizza.

Die Gesundheitskette wird coboterisiert: Operationsroboter unterstützen jährlich bei Hunderttausenden OPs. Und das mit minimaler Disruption des Körpers: außen und innen. Allein mit dem da Vinci Surgical System wird jede Minute ein Patient von einer schmerzhaften Prostata oder anderen Erkrankung geheilt. Anschließend helfen Pflegeroboter bei der Genesung.

Die Servicekette wir coboterisiert: Saug-, Rasenmäh-, Poolreinigungs-, Fensterputz- und Pistenraupenroboter gehören schon heute zum Alltag. Hinzu kommen selbstfahrende Autos, Lkw, Schiffe, Traktoren.

In Dubai unterstützt »REEM«, ein freundlicher Robocop, die menschlichen Kollegen. Dubai plant, die komplette Polizei smart zu machen. 2030 soll es die erste vollständig coboterisierte Wachstube geben.

»Die Servicerobotik boomt. Aktuelle Systeme sind meist noch auf eine konkrete Anwendung spezialisiert. Deshalb arbeiten wir daran, Serviceroboter zunehmend ›intelligenter‹ und universeller einsetzbar zu machen. Sie können sich dann eigenständig und verlässlich in ihren Einsatzumgebungen zurechtfinden, selbständig basierend auf erfassten Daten Entscheidungen treffen und diese entsprechend dem Anwenderwunsch umsetzen.«

MARTIN HÄGELE, ABTEILUNGSLEITER, FRAUNHOFER-INSTITUT
FÜR PRODUKTIONSTECHNIK UND AUTOMATISIERUNG IPA,
ABTEILUNG ROBOTER- UND ASSISTENZSYSTEME

Die Roboter sind längst Wirklichkeit. Sie nehmen uns jedwede eintönige, wiederholende, gefährliche oder belastende Aufgabe ab – und damit auch Millionen von Arbeitsplätzen. Das erscheint zunächst negativ, ist aber nicht neu. Massive Veränderung der Arbeit gehört zur industriellen Revolution dazu. Sonst wäre es keine Revolution. Da rollen Köpfe, und Altes wird von Neuem verdrängt.

Zu Beginn des 20. Jahrhunderts arbeiteten 40 Prozent der Erwerbstätigen Deutschlands in der Landwirtschaft. Dann kamen Melkmaschine, Traktor und einiges mehr, und heute brauchen wir nur noch drei Prozent Arbeitskräfte in der Landwirtschaft. Der Aufstand der Hausfrauen ist aus heutiger Sicht unfassbar lustig. Als der Siegeszug der Waschmaschine begann, wehrten sich viele Hausfrauen gegen die neue Erfindung. Sie sahen ihre »Existenzberechtigung« bedroht! Was soll man im Haushalt noch tun, wenn es die Waschmaschinen gibt? Und was erst, wenn der Staubsauger kommt!

Ja, Roboter zerstören die ALTEN Jobs – aber schaffen gleichzeitig Platz für das Neue. Roboter erlauben uns Menschen, genau das zu sein, was wir sind: flexible Anpasser, schlaue Tüftler, mutige Pioniere.

Ist das handgezapft oder vom Roboter?

SMART LINKS

↗ Video: Roboter lernt »Fang den Ball auf dem Stock«
↗ Video: Die Cobots machen unsere Wäsche (und packen sie schön in den Schrank)
↗ Video: Bei Zume machen Roboter die Pizza

Es gibt übrigens auch eine mechanische Mensch-Maschine-Kombination: Exoskelette, wie das in Augsburg entwickelte Bionic CRAY, sind quasi Roboteranzüge, die den Menschen kräftiger machen (Iron Man lässt grüßen). Die Einsatzbereiche sind vielfältig: militärisch, medizinisch, Reha, Katastrophenhilfe, Umzüge und natürlich in der Produktion und Fertigung. Der limitierende Faktor »Muskelkraft« fällt weg und Frauen könnten BAMM! auch echte Männerjobs machen.

3-D-DRUCK – BEAM ME UP, SCOTTY

Stellen Sie sich vor, Sie sind auf Geschäftsreise in Barcelona, wichtiger Termin, Ihr Telefon klingelt, Ihre Frau ist dran: »Schatz, mir ist da was Blödes passiert. Ich habe den Wohnungsschlüssel nicht eingesteckt, und jetzt bin ich ausgesperrt.« Tja, dumm gelaufen! Bislang hieß die Lösung hierfür Schlüsseldienst (warten, teuer, eventuell neues Schloss...). Ab jetzt heißt die Lösung 3-D-Druck: Einfach zum FabLab (die neuen Internet-Cafés) in Barcelona gehen, Schlüssel dreidimensional scannen, an Ihre Frau schicken, und die kann ihn im FabLab an der Ecke im 3-D-Drucker für wenig Geld ausdrucken (zumindest wenn Sie in Berlin, Wien, Zürich oder ähnlich urban wohnen).

Bei *Raumschiff Enterprise* nannte man das »BEAMEN!«. Die Zukunft und das Beamen von Objekten werden also nicht nur kommen! Die Zukunft ist schon da. Sie ist nur – wie William Gibson so schön sagte – noch nicht gleich verteilt.

Kostenersparnis ist der entscheidende Aspekt der 3-D-Druck-Herstellungs-revolution. Statt einen echten Aston Martin DB 5 im Bond-Film *Skyfall* in die Luft zu jagen, gingen 3-D gedruckte Autoklone (übrigens »made in Germany«) in Flammen auf. Auch Pläne für 3-D kopierte Originalersatzteile für Ihren Oldtimer sind online, ebenfalls ein massiv wachsender Markt.

3-D drucken geht selbstverständlich nicht nur für Autos. Auch die Bahn lässt Ersatzteile immer öfter vom 3-D-Drucker bauen und revolutioniert da-mit die Instandhaltung. Den Anfang machte Ende 2015 der Druck eines ein-fachen Mantelhakens. 2017 hatte die DB bereits 1000 Ersatzteile verschie-denster Art im 3-D-Druckportfolio. Bis Ende 2018 werden 15 000 Ersatzteile aus dem Drucker kommen: vom Lüftungsgitter über Kopfstützen bis zu Spezialteilen wie Querdämpferkonsolen. Engpässe, weil Teile nicht mehr verfügbar sind oder zu spät kommen, sind Vergangenheit.

**»3-D-Drucker könnten neben unserem Logistik-
und Fulfillment-Angebot ein wichtiger Teil unseres
Betriebssystems werden.«**

RUBIN RITTER, VORSTAND, ZALANDO, SE

3-D-Druck verschiebt den Designprozess von »Design to MANUFACTURE« zu »Design to USE«. Früher hieß es: Wie kann ich Massenwaren optimal stanzen, gießen, drehen, miteinander verbinden? Heute können wir exakt so herstellen (3-D-Druck), wie es sinnvoll und effizient ist.

Kaum ein Gebiet, das nicht schon vom 3-D-Druck profitiert: Modelle, Prototypen, Kleinserien, spezielle Werkzeuge oder auch Messapparaturen und Minireaktoren in perfekter Geometrie kommen immer häufiger aus dem Drucker. Industrie und 3-D-Anbieter arbeiten hier Hand in Hand. Der Stahlkonzern Klöckner hat beispielsweise in den Berliner 3-D-Druckspezialisten BigRep investiert. Dutzende Unternehmen – von Anwendern über Universitäten bis hin zu Start-ups und großen Druckspezialisten – sind im »Mobility goes Additive«-Netzwerk vereint.

Die Anwendungsbreite ist enorm und wächst täglich ...

1. **Leichtere Konstruktionen für alles, wo Gewicht wegmuss: vom Auto bis zum Satelliten.**

Beispiel: Eine Gitterstruktur aus dem 3-D-Drucker ersetzt den guten alten Gipsverband. Die 3-D-Schiene ist viel leichter und ermöglicht zudem eine gute Luftzirkulation. Pflege und Behandlung werden vereinfacht, auch therapeutische Maßnahmen wie Ultraschall oder Elektrostimulation sind möglich.

2. **Festere Materialien für alles, wo Langlebigkeit wichtig ist.**

Beispiel: Stabile Hüften werden aus Keramik gedruckt, statt aus Metall gefertigt. Auch in 3-D gedruckte Haut-, Knochen- und Knorpelimplantate kommen in der Medizin zum Einsatz.

3. **Flüssigere Materialien für alles, wo Festigkeit stört.**

Beispiel: Mahlzeiten für Menschen mit Schluckbeschwerden können heute in 3-D gedruckt werden. Bislang stand für sie auf dem Speiseplan: Montag bis Sonntag gibt es Brei-Pamps. Mithilfe eines 3-D-Druckers kann Püriertes in eine »optisch ansprechende Form« gebracht und individuell mit Vitaminen und Eiweißen angereichert werden.

4. **Individuelle Formen für alles, wo Flexibilität gefordert ist.**

Beispiel: Eine Form für Spitzguss bauen dauert normal einige Wochen. Im 3-D-Druck ist die Form am gleichen Tag fertig. Sogar LEGO druckt die Form für die Steine in 3-D? Warum? Weil so neue Kühlgänge in die Form eingedruckt werden können, die LEGO-Steine in neun Sekunden erstarren lassen – statt wie bisher in 28 Sekunden. BAMM!

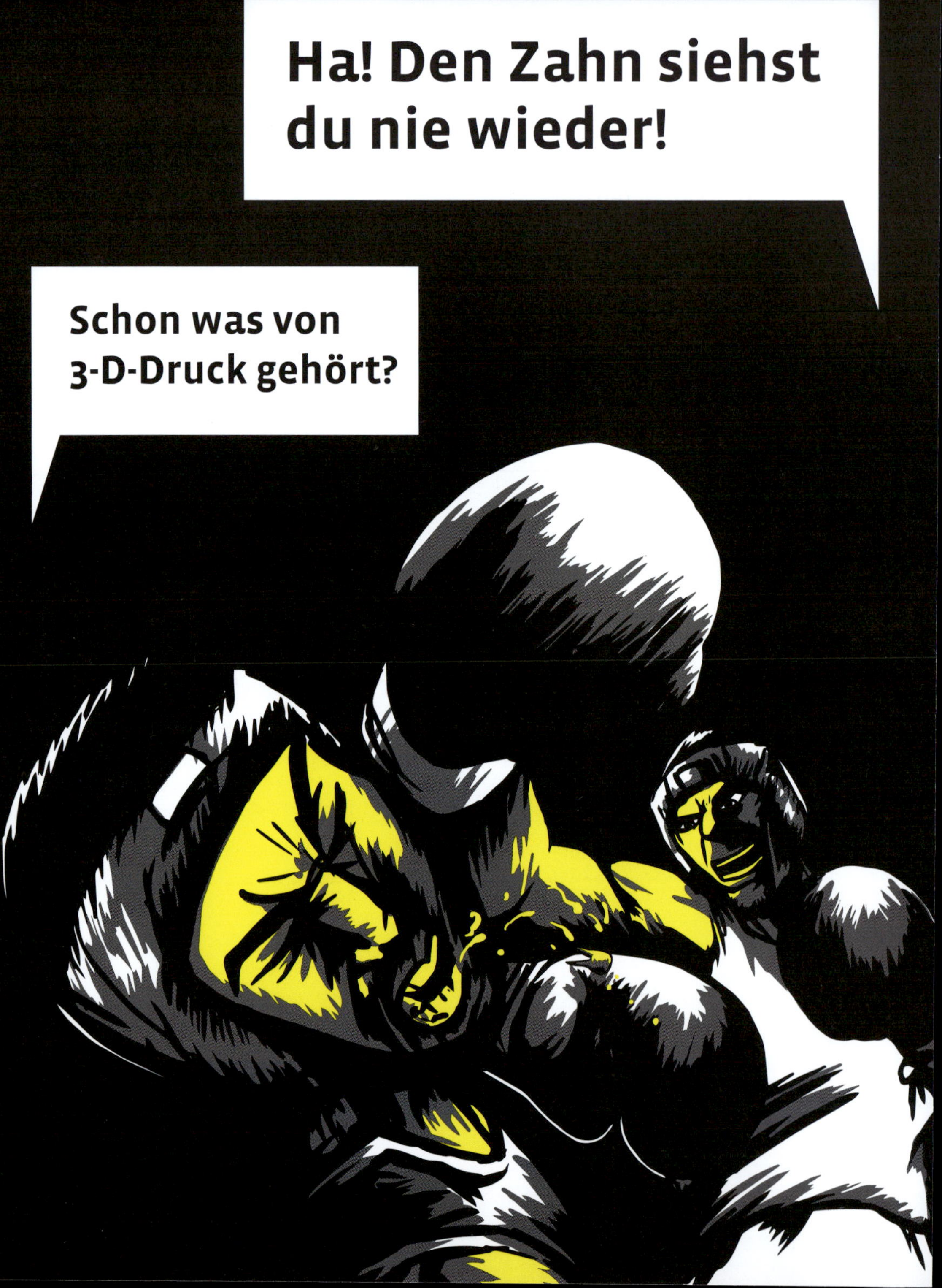

3-D-Druck bringt vieles, was in der Vulkanökonomie gefragt und wichtig ist: Er kann ANDERS, er kann KOOPERATIV und er kann NARZISSTISCH. Vom individuell ans Ohr angepassten Hörgerät bis zum selbst ausgedruckten Lüftungsgitter der Bahn. Vielleicht wird auch die Umgehung von Zöllen ein Argument sein? Entweder ich stelle vermeintlich günstig in China her und zahle Shipping und Zölle obendrauf. Oder ich nehme das Modell und drucke es hier aus (ohne Shipping und Zoll). Interessant wird es auch beim Thema Urheberrecht: Wer ist Urheber von einem Marken-Sneaker, den ich in 3-D stark verändere?

»Endlich können wir Dinge so herstellen, wie es uns die Natur vormacht, und metallische Bauteile und Werkzeuge so konstruieren und herstellen, wie wir sie benötigen – unabhängig von den bisherigen konventionellen Restriktionen. Mit Hohlräumen, geschwungen, dick- und dünnwandig, individuell und nach Bedarf. Diese Formenvielfalt in Verbindung mit einer fast grenzenlosen Materialvielfalt macht 3-D-Druck mit Metallen zu der Schlüsseltechnologie in vielen Bereichen.«

ERIC KLEMP, GESCHÄFTSFÜHRER,
VOESTALPINE ADDITIVE MANUFACTURING CENTER GMBH

SHARING – MEHR ALS NUR TEILEN

Teilen war früher scheiße. »Teil das mit deiner Schwester!« – »BÄHHH!«. Teilen war immer etwas weggeben, ein christlicher Akt. Jesus teilt das (große) Brot… und ZACK bekommt jeder nur ein kleines Stück. Sankt Martin teilte den ganzen Mantel… danach hatte jeder nur noch einen halben. Auch blöd! Teilen war also immer SCHLECHTER. Der mit dem Nachbarn geteilte Telefonanschluss damals in der DDR oder Österreich nervte jeden. Das geteilte Produkt war dem ungeteilten klar unterlegen.

Heute ist das komplett anders. Heute ist das Geteilte oft BESSER als das Ungeteilte. Warum? Ganz einfach: Fast jeder Sharing-Anbieter optimiert den SERVICE. Bei Spotify ist jeder Song nicht nur zu 100 Prozent zu hören. Man bekommt auch ALLE Songs des Interpreten, Tourdaten, Informationen zum Künstler sowie Empfehlungen, Podcasts, Songlisten zu Genres und Stimmungen und, und, und. ALLES ON TOP. ZUSÄTZLICH. MEHR, als wenn ich nur die CD besitze.

Das geteilte Auto (Carsharing) darf kostenlos parken. Es ist vollgetankt. Sauber! Hat die richtigen Sommer-/Winterreifen drauf, und der Ölwechsel ist erledigt. Es kommt also mit MEHR Service als ein Besitzauto.

Airbnb ist MEHR als ein Hotelzimmer. Man kann im Baumhaus wohnen, im Iglu, im Schloss oder bei Leuten in ihrer Wohnung – und dazu die passenden Aktivitäten in der Nähe buchen: mit einem Garten-Designer die Parks der Stadt erkunden, Kochkurs beim Sushi-Meister, Kneipentour im Kiez…

Über meinespielzeugkiste.de bekomme ich nicht nur die beliebtesten Markenspielzeuge nach Hause geliefert (Spielzeugflatrate). Die Plattform unterstützt mich auch mit Empfehlungen, schnell passendes Spielzeug zu finden. Und wenn's dem/der Kleinen keinen Spaß mehr macht, ab ins Paket damit, Retourschein drauf und kostenlos zurückschicken.

Auch das immer beliebtere Coworking ist mehr als nur ein Arbeitsplatz (Schreibtisch, Stuhl, Internet). Man hat ZUSÄTZLICH auch einen Meetingraum, eine Profi-Laserdruckstation, eine Profi-Kaffeemaschine sowie verschiedene Büro-Services (Steuerberater, PR-Experte, Designer…).

Beim Sharing steigt also die SERVICEQUALITÄT… Sharing ist PRODUKT + SERVICE. Zudem steigt die QUALITÄT DES ZUGRIFFS. Früher hatte man vielleicht 80 Schallplatten und 60 CDs. Die gab's nur zu Hause. Und selbst in gut sortierten Sammlungen musste man die richtige Scheibe stets suchen. Später hatte man so acht GB Musik. Die gab's nur auf der Festplatte. In 1200 MP3s, den gesuchten Track zu finden, war echt übel. Heute hat man mit Spotify JEDEN Song IMMER dabei, und zwar ÜBERALL und SUPER SCHNELL gefunden!

Das nährt voll unseren Narzissmus. (ICH will JETZT dies. ICH will JETZT jenes.)

GENAU JETZT!

Die Basis des Sharings ist heute nahezu immer 1) die digitale Transparenz der Informationen gepaart mit 2) der zunehmenden Mobilität der Dinge. Wenn wir etwas nutzen möchten, müssen verschiedene Informationen fließen: WEM gehört das Ding? WER hat es jetzt? WO ist das Ding gerade? WER will es AB WANN für WIE LANGE nutzen? WAS soll dafür bezahlt werden? WIE soll dafür bezahlt werden? Alle diese Informationen auszutauschen, ist dank Internet & Smartphone sehr einfach geworden. Damit zog eine neue Mentalität in unsere Köpfe.

Es gibt immer mehr WAK-WAHG-Menschen: Warum auch kaufen, wenn auch haben geht!

Eigentum bindet langfristig und kostet immer Zeit. Ein Auto online konfigurieren, finanzieren, anmelden, versichern, abholen, waschen, tanken, scheckheftpflegen… und dann irgendwann wieder abmelden, inserieren, verkaufen… verschlingt richtig viel Zeit. Carsharing geht BAMM!… fertig, und 20 Minuten später weiß ich nicht mal mehr, wo ich geparkt habe. Ist auch egal, ist ja nicht meines.

»Die Idee, Produkte auf Zeit zu besitzen und lediglich zu mieten, hat in Deutschland längst ein neues Level erreicht. Es ist jetzt der richtige Moment, die Bereitschaft der Konsumenten für Mietangebote zu testen. Getreu dem agilen Projektvorgehen OTTOs testet unser Team derzeit das Sharing-Modell OTTO NOW in einem frühen Stadium live im Markt. Die erste Resonanz der Kunden ist sehr gut – sie schätzen auch den Liefer- und Reparaturservice, der zu unserem Serviceangebot zählt. In den ersten Monaten zählten besonders Kaffeevollautomaten, Fernseher und Waschmaschinen zu den beliebtesten Produkten der Kunden.«

MARC OPELT, OTTO-BEREICHSVORSTAND MARKETING
UND SPRECHER VON OTTO

Sharing bedeutet heute aber auch, eigene Daten mit anderen zu teilen. Daten werden Asset und Währung. Google, Facebook, WhatsApp: Alle bieten vieles ohne Geld. Wir bezahlen mit Daten. Wir bezahlen Google mit Daten. Wir bezahlen Facebook mit Daten. Wir bezahlen WhatsApp mit Daten. Lohnt sich das für die Unternehmen? Hahaha!

Auch im Gesundheitswesen wird das Teilen von Daten zukünftig eine große Rolle spielen. Schon heute nutzt fast jeder zweite Deutsche Gesundheits-Apps, um Vitaldaten aufzuzeichnen und die Gesundheit zu verbessern. Unser Gesundheitssystem ist von vielen Leistungen belastet, die über bessere Vernetzung sowie Selbst- und Ferndiagnose eingespart werden könnten. Wer über intelligente mobile Geräte stetig seinen Speichel, seine Herzfrequenz oder Blutwerte kontrolliert, verfügt über ein effektiveres Gesundheitsmanagement. Das könnte zukünftig auch von den Versicherern honoriert werden. In Japan und vielen anderen Ländern ist das heute bereits der Fall.

Für das obligatorische und wichtige Hautscreening (JA, es gibt den Klimawandel! Und JA, es gibt das schädigende Ozonloch) könnte es zukünftig auch 24-h-Screening-Kabinen geben: Gesundheitskarte rein, Tür auf, Klamotten weg, Scan, Rabatt bei der Krankenkasse einsacken, und bei Auffälligkeiten benachrichtigt das System den Doc. Warum nicht?! Ach ja, in San Francisco ist das so ähnlich schon Wirklichkeit: Forward heißt das Ganze.

Bereits heute lassen sich gesundheitliche Fragen oder Auffälligkeiten online mit Ärzten klären. Man muss nicht in überfüllten Wartezimmern mit Millionen Bakterien sitzen. Der Arzt hat mehr Zeit für die Analyse und Behandlung schwerwiegender Fälle sowie für das Betüddeln von Betüddelungsfällen (beispielsweise alleinstehende Rentner). Und er kann auch von zu Hause arbeiten und sich zwischendurch um seine Familie kümmern. Beim Sharing gibt es nur Gewinner.

»Wir möchten sowohl den behandelnden Ärzten untereinander als auch dem Patienten selbst den Zugriff auf seine persönlichen Gesundheitsinformationen ermöglichen. Durch diese Vernetzung erhalten Behandler schneller und umfassend alle behandlungsrelevanten Informationen, unnötige Doppeluntersuchungen werden vermieden. Auch dem Ärztemangel in ländlichen Gebieten kann entgegengewirkt werden. Die Digitalisierung bietet uns also die Chance, die Qualität der Versorgung zu steigern und sie effizienter zu gestalten. Smarte Lösungen im E-Health-Bereich werden zugleich künftig helfen, die Gesundheitskompetenz sowie die Selbstbestimmung des Patienten zu stärken. Aus Umfragen wissen wir, dass diese Entwicklungen von den Versicherten mit großem Interesse beobachtet werden.«

STEFANIE STOFF-AHNIS,
MITGLIED DER GESCHÄFTSLEITUNG DER AOK NORDOST

↗ Video: Wie sieht die Praxis der Zukunft aus?

BLOCKCHAIN – MIT NUMMERN SICHERGEHEN

Sie kennen sicher Blockchain, Bitcoin und so. Sie haben vielleicht auch gelesen, dass Schweden das Grundbuch schon jetzt teilweise auf Blockchain umgestellt hat und Großbritannien zeitnah das ganze Steuersystem auf Blockchain umstellen will. Aber im Moment sehen wir in der REALITÄT in D-A-CH noch wenig! Oder? Falsch! Denn Blockchain wird heute schon eingesetzt. Wie kam es dazu? Ein Blick ins Geschichtsbuch ...

Exkurs: Die Geschichte von Blockchain

Es war im Jahre des Herrn 2007, dem Jahr der Finanzkrise, da ging das Vertrauen in das globale Finanzsystem und grundsätzlich in die Institution Bank den wild sprudelnden Bach hinunter. »Auf einige wenige, mächtige und zentrale Institutionen vertrauen? NEIN. Das wollen wir nicht mehr«, schrie das Volk. Doch wie könnte Kapital anders organisiert und dokumentiert werden als durch die etablierten Institutionen? Da musste man nachdenken. Und es verstrich ein ganzes Jahr.

Doch endlich, im Monat November des Jahres 2008, veröffentlichte jemand unter dem Pseudonym »Satoshi Nakamoto« ein glorreiches Dokument unter einer verschlüsselten eMail-Adresse und lieferte die heiß ersehnte ANTWORT: Die Blockchain beziehungsweise die Bitcoin-Kryptowährung war geboren. Bitcoin war die erste rein digitale Währung. Die Idee dahinter: DEZENTRALE SICHERHEIT!

Normal geht Geldtransfer so: Sie müssen ein Konto haben. Der Empfänger muss ein Konto haben. Dazwischen ist eine Bank. Die Bank KONTROLLIERT beim Erstellen des Kontos Ihren Pass: JA! SIE sind es WIRKLICH! Die Bank vertraut nicht Ihnen! Die Bank vertraut Ihrem PASS! Dann überweisen Sie das Geld. Dafür erhalten Sie eine ÜBERWEISUNGSBESTÄTIGUNG. Wenn der Empfänger sagt: »Ich habe das Geld nicht erhalten«, und Sie das einklagen, vertraut der Richter nicht Ihnen ... er vertraut der ÜBERWEISUNGSBESCHEI-NIGUNG! JA! Sie haben ECHT bezahlt. Beim Geld geht es also um VERTRAUEN! Wenn Sie ein Haus kaufen, geben Sie das Geld einem TREUHÄNDER. Der HAT das Geld auf einem TREUHÄNDERKONTO! Dann kriegen Sie das Haus. Dann gibt der Treuhänder dem Verkäufer das Geld. Der Treuhänder ist die VERTRAUENSINSTITUTION! Banken, Grundbücher, Treuhänder. ALLES ZEN-TRALE VERTRAUENSINSTITUTIONEN.

Aber zentral gemanagt ist nicht optimal: Es ist teuer (Treuhänder machen das nicht umsonst. Das Geld liegt eventuell wochenlang faul auf dem Konto). Es ist langsam. Es ist OLD SCHOOL!

Blockchain dagegen ist ein dezentrales System. Bei der Blockchain werden alle Informationen zu Besitz und eventuellen Transfers bei allen Beteiligten gespeichert – Institutionen werden nicht benötigt. Betrug ausgeschlossen. Egal, ob es Geld ist (Bitcoin) oder ein Ticket für XY oder ein Recht auf etwas: Eigentum zum Beispiel oder das Recht, Strom zu beziehen. Alles wird über die Blockchain handelbar, auch direkt von Maschine zu Maschine. Die Menschen sind begeistert.

Und so entwickelte sich ein globales Ökosystem rund um die Blockchain. Gurus wie Vitalik Buterin (Jahrgang 1994!) erschienen am Firmament und entwickelten die Blockchain weiter – und damit auch sichere digitale Verträge, die digitales ALLES ohne Institutionen dazwischen möglich machen.

Doch kein Vorteil ohne Nachteil: Die Blockchain-Technologie ist äußerst kompliziert. Bitcoin benötigt fast so viel Strom wie das ganze Land Dänemark. Und mit der Bitcoin-Technologie können im Moment nur maximal sieben Transaktionen pro Sekunde abgewickelt werden. Das ist genug für Grundbuchänderungen in Schweden, aber viel zu wenig für Börsenhandel zum Beispiel. Die Folge: Blockchain steckt noch in den Kinderschuhen. Ähnlich dem Internet, als wir uns langsam mit Modems: KLLRLLLL KRAAAA… OINK… OINK teuer einwählten und es kaum glauben konnten, wenn wir online waren. Boris Becker: »ICH BIN DRIN!«

Wenn das Internet den Mittelsmann (Zwischenverkäufer) plattmacht, macht Blockchain die Mittelinstitution platt.

Q: Habe ich das richtig verstanden?
A: Okay. Noch ein einfaches Beispiel: Babies machen.

Als Sie geboren wurden, passierten zwei Dinge:

1. Ihre Geburt wurde offiziell registriert.
2. Ihre Eltern haben die frohe Kunde postalisch mitgeteilt.

Beide Vorgänge liefen jeweils über eine »Mittelinstitution«. Bei der Glückwunschkarte ist die Mittelinstitution die Post. Sie geben die Karte bei der Post auf, die Post überbringt sie dem Empfänger. Das kostet Geld (Briefmarke) und Zeit (meist einen Tag, im Ausland etwas mehr), bis die Karte ankommt.

HEUTE verschicken frischgebackene Eltern digitale Freudensprünge per eMail, WhatsApp, Facebook Messenger ... also Peer-to-Peer, direkt vom Sender zum Empfänger. Das ist billiger (keine Briefmarke) und geht schneller (sofort). Vorteile, die auch bei der Blockchain entscheidend sind: denn Blockchain ist Peer-to-Peer, kostet nichts (nur Speicher + Strom) und geht sofort.

Bei der Geburtsurkunde ist die Mittelinstitution das Einwohnermeldeamt. Es bestätigt, dass jemand wirklich existiert. Das ist später wichtig: von der Einschulung bis zur Rente oder selbst im Fall von Flüchtlingen, wenn das Zuhause zerbombt ist. Die ECHTHEIT über die ZEIT sicher zu dokumentieren, ist also sehr wichtig. Auch Blockchain kann – wie das Einwohnermeldeamt – ECHTHEIT garantieren. Und das über lange Zeit.

Blockchain zertifiziert zum Beispiel die Echtheit von Diamanten. Der Diamant wird von Geburt an und über zahlreiche Verkäufe von der Blockchain anhand von 40 Datenpunkten immer als EINDEUTIG identifiziert. So entsteht nach und nach eine Kette von Datenblöcken (daher der Name Block-chain), an denen nachträglich nichts gelöscht oder geändert werden kann.

Q: Lohnt sich das nur bei teuren Dingen wie Diamanten?
A: Nein! Blockchain geht auch bei Ihrem Frühstücksei!

Der US-Supermarkt Walmart hat ein »Farm to Fork«-Programm. Jedes Ei und jeder Apfel wird per Blockchain vom Bauernhof bis in den Laden verfolgt. Ist das WIRKLICH BIO? YUP! Hier der Beweis! Und das ist nicht alles: Der Supermarktgigant denkt beim Thema Zulieferung an eine Kombination aus Drohnen und Blockchain.

Wie alle Trends ist auch die Blockchain KEIN Silo. Wie alle Trends sind Drohnen KEIN Silo. Alles kommt gleichzeitig, vermischt sich, beeinflusst sich gegenseitig und ändert die Art, wie wir leben, arbeiten und einkaufen, Spaß haben!

Was ändert sich dadurch für Sie? Eventuell alles, eventuell auch (erst mal) nicht so viel. Wir sind hier in einer klaren »A wie ANDERS«- und »V wie VOLA-TIL«-Situation. Aber nahezu jede Mittlerinstitution bereitet sich auf Block-chain vor. Allen voran die Banken und einige Konzerne. 80 von ihnen sind beim Blockchain-Start-up R3 beteiligt. Viele andere Schwergewichte aus der Finanzwelt und Industrie setzen auch auf andere Technologien. Wir werden deshalb nicht DIE BLOCKCHAIN haben, sondern VIELE!

Die Anwendungen der Blockchain sind äußerst vielfältig:

Smarte Währungen können Eigentum garantieren, auch über die 100 000 Euro gesetzliche Einlagensicherung hinaus. Dazu hatte der Bitcoin-Erfinder einst geschrieben: »Das Kernproblem konventioneller Währungen ist das Ausmaß an Vertrauen, das nötig ist, damit sie funktionieren. Der Zentralbank muss vertraut werden, dass sie die Währung nicht entwertet, Banken muss vertraut werden, dass sie unser Geld aufbewahren und es elektronisch transferieren, doch sie verleihen es in Wellen von Kreditblasen mit einem kleinen Bruchteil an Deckung.« Und wie es verschiedene Währungen gibt, entstehen derzeit viele Alternativwährungen zum berühmten Bitcoin.

Smarte Verträge können den Kauf wertvoller Güter sicher machen.
Smartes Tracking kann Zuliefererqualität sichern.
Smartes Voting kann auch sicher digital erfolgen.
Smartes Sharing sichert meine sensiblen Gesundheitsdaten.
Smarter Transfer ist beispielsweise für die Entwicklungshilfe wichtig: Das Geld soll da ankommen, wo es hin soll. Die UN fährt bereits eine Menge Blockchain-Projekte, um Menschen überall DIREKT Hilfe zukommen zu lassen.

Kein Wunder, dass neue Unternehmen aus dem Boden sprießen: Das deutsche Start-up Slock.it hat ein Blockchain-basiertes System entwickelt, um Wohnungs-, Büro-, Autotüren oder Fahrräder zu öffnen oder zu schließen – inklusive der Abwicklung der Leihgebühr. Gemeinsam mit RWE arbeiten die Tech-Experten an Anwendungen wie einem Steckdosenadapter, über den

Elektroautos an jeder Steckdose geladen und per Blockchain vom Auto-inhaber bezahlt werden. Und was ist mit DEM Paradebeispiel »Notare«?

»Die Notare beobachten die Entwicklung von Blockchain-Applikationen mit Interesse – insbesondere mit Blick darauf, ob sich die Technik einsetzen lässt, um die eigene Dienst-leistung zu verbessern. Ob Blockchain mittelfristig für so komplexe und vielgestaltige Transaktionen wie Grundstücks-kaufverträge eingesetzt werden kann, darf jedoch bezweifelt werden. Aktuell scheint ein Einsatz eher bei einfacheren, standardisierten Online-Transaktionen zweckmäßig.«

DOMINIK GASSEN, BLOCKCHAIN-EXPERTE
DES DEUTSCHEN NOTARVEREINS UND VORSITZENDER DER
ARBEITSGRUPPE »NEUE TECHNOLOGIEN« BEIM RAT
DER EUROPÄISCHEN NOTARE (CNUE)

Blockchain bietet also viele Vorteile. Der Markt ist stark in Bewegung. Ins-besondere in der Schweiz. Bahnfahrkarten am Automaten in Bitcoins kaufen? Kein Problem! In der Schweiz schlägt im »Crypto Valley« das globale Herz der Blockchain-Bewegung. Auch in Österreich ist Blockchain stark im Kommen. Nur in Deutschland schauen die Menschen dem Trend noch etwas verhalten zu. Dort heißt es (noch!): Abwarten, Tee trinken und bitte nur in Euro bezahlen.

»UBS und andere Banken haben früh erkannt, dass die Blockchain-Technologie das Finanzsystem grundlegend verändern könnte. Seit 2015 erforschen wir in unserem Fintech Lab die Einsatzmöglichkeiten. Rund 30 Anwendungsfälle haben wir bislang erkundet. Damit die Blockchain-Technologie jedoch weitreichend eingesetzt werden kann, sind Standards notwendig. Verschiedene Konsortien, unter anderem R3 mit über 70 Banken und auch UBS, arbeiten an gemeinsamen Anforderungen und Voraussetzungen. Derzeit ist noch ungewiss, wann die offenen Fragen rund um die Blockchain-Technologie beantwortet sein werden, aber wir sehen gute Fortschritte für die Anwendung im Bankenbereich.«

VERONICA LANGE DA CONCEIÇÃO,
HEAD OF INNOVATION, GROUP CTO, UBS AG

↗ Video: Bitcoin – Wie ein Schweizer digitales Geld in Island herstellt
↗ Die VR-Experience »Einzelhaft«
↗ Video: Silvester mal anders: Mit der Drohne durchs Feuerwerk
↗ Video: Augmented Reality – Check out die HoloLens
↗ Video: Die Bier-Zapf-Innovation des Jahrhunderts
↗ Website: In VR durch das Ulm von 1890 fliegen

SMART LINKS

Bist du der echte Wolf?

Check die Blockchain!

VIRTUAL REALITY – DIE DIGITAL GEPIMPTE WELT

Die Hannover Messe ist eine Messe der Industrie: Bagger, Turbinen, Pumpen! Wie sieht ein typischer Präsentationsstand 2018 auf der Hannover Messe aus? 20 Sitze. 20 VR-Brillen. 20 Interessenten, die mit ihrer Brille »in full 360 degrees« im neuen Cockpit des Superfahrzeugs XY sitzen. Sie sind abgeschnitten von der Welt. Sehen nur das Cockpit: Wow!

Virtuelle Realität ändert selbst traditionellste Industrien. Und Augmented Reality (also die Einblendung digitaler Information in die reale Welt) in einer sonst DURCHSICHTIGEN Brille macht das erst recht! Mechaniker sehen in der Brille, wo sie bohren müssen. Ärzte sehen in der Brille, wo sich das Instrument gerade im Organ befindet. Reparaturteams wissen dank AR-Brille, wie heiß jedes Rohr, wie durchlässig jedes Ventil ist. Und das alles, OHNE selbst zu messen, zu öffnen oder komplett von der Außenwelt abgeschnitten zu sein. Mit einer durchsichtigen AR-Brille durch die Fabrik zu laufen, ist deutlich sicherer als mit einer undurchsichtigen VR-Version.

Bisher Unsichtbares sichtbar machen ist nicht neu. Bereits 1775 begeisterte das Kaiserlich-Königliche Museum in Florenz die Einwohner mit »bisher ungesehener Wirklichkeit«. Die ersten Wachsmodelle aus dem Inneren des menschlichen Körpers wurden öffentlich ausgestellt. Die Zuschauer sahen zum ersten Mal Dinge, die man sonst nicht oder nicht so sehen würde. Alle waren begeistert… alle wollten mehr. Und kaum 250 Jahre später ist die neue Realität voll da. Aber hallo!

Dabei hat diese »neue Realität« heute drei im Kern sehr unterschiedliche Ausprägungen:

1. Experience System: Virtuell überall dabei sein!

Wie geil wäre es, wenn wir bei allen Events immer auf den BESTEN PLÄTZEN LIVE dabei sein könnten?

Montag: Champions-League-Halbfinale in Barcelona
Dienstag: Lang-Lang-Spezial-Konzert im Berliner Berghain
Mittwoch: *Ein Sommernachtstraum* im Wiener Burgtheater
Donnerstag: Schwergewichtstitelkampf in Las Vegas
Freitag: Sting-Benefiz-Konzert in einer Höhle in Island
Samstag: Hochzeit der Cousine in Neuseeland
Sonntag: Zur Titanic tauchen

...

Pay-per-View in 360 Grad beziehungsweise mit VR-Equipment macht's möglich. 2-D-TV ist das billigste. Live dabei und vorderste Plätze sind das Beste. 3-D-Virtual-Reality ist die goldene Mitte, für alle ohne Privatjet und endlosem Ticketbudget. Die Anwendungen sind enorm: In Ulm kann man sich seit Sommer 2017 mit einem Ganzkörper-Flugsimulator in VR vom Münster stürzen und dann über und durch Ulm von 1890 fliegen. Um autonomes Fahren virtuell zu testen, hat das Deutsche Zentrum für Luft- und Raumfahrt ganz Braunschweig in 3-D nachgebildet, mit fast 100 000 Häusern, zig Straßen und 2000 Ampelanlagen.

Und VR + Drohnen jeder Art (kriechend, fliegend, tauchend ...) machen es erst richtig spannend. Drohnen sind der verlängerte Arm von VR und ermöglichen, physisch an Orten zu sein, wo man bisher nicht hinkam. Das ist 1) spannend, in brodelnden Vulkankesseln, in den Tiefen des Marianengrabens oder ein Blick aus höchsten Höhen. Und es ist 2) nützlich, die Basis von Bohrinseln wird virtuell gewartet – Brücken, Dächer, Schornsteine, Pipelines, Fabriken, alles wird bequem, für den Menschen wunderbar ungefährlich und relativ billig per Drohnen inspiziert.

Dieses »digital dabei sein« kann auch für Menschen mit Behinderung eine echte Bereicherung sein. JEDER kann Berge erklimmen. Sogar im Rollstuhl. JEDER kann mit Walen tauchen, sogar Menschen mit Aquaphobie. Google Experience bringt Schulkinder aller Welt in VR in den Louvre, zu den Pyramiden, auf den Mond. VR kann in unserer immer mobileren Welt helfen, entfernten Ereignissen, Orten, Familienmitgliedern und Freunden nah zu sein.

Die *New York Times* war die erste Zeitung, die Virtual Reality in den Journalismus brachte. Leser konnten die Flüchtlingskrise in Europa SELBST in 360 Grad »erfahren«. Der *Guardian* in UK brachte als ersten Beitrag des »Experience Journalism« die VR-Experience »Einzelhaft« heraus. Und auch unsere Zeitungen und TV Sender bieten viele 360-Grad-Inhalte an. Das ZDF zum Beispiel unter http://vr.zdf.de.

2. Enhanced Experience System: Virtuell unterstützte Sinne!

Unsere Sinne sind limitiert und werden schon seit den 1960er-Jahren digital hochgetunt. Damals brachte Siemens das erste Hörgerät auf den Markt. Mit Magnetresonanztomografie blicken wir seit den 1970er-Jahren in unseren Körper. Heute werden bei Operationen Scans der Organe sauber gerechnet, damit sich der Chirurg aufs Wesentliche konzentrieren kann. Systeme wie Cinematic VRT (auch von Siemens) ermöglichen, Weichgewebe, Muskulatur und Blutgefäße bei Bedarf auszublenden, und so zum Beispiel nur die Knochen zu betrachten. Gefäßchirurgische und neurochirurgische Eingriffe können besser geplant, ausgeführt und dem Patienten am Bild erklärt werden.

Kampftaucher, Fighter-Piloten, Panzerfahrer, Bodentruppen und natürlich Drohnen: Moderner Krieg funktioniert schon länger VOLL digital enhanced.

Bestehende Realität wird zudem durch weitere Informationen (Statistiken etc.) digital angereichert: von der aktuellen Entfernung und Temperatur einer Panzerabwehrbatterie bis zu Laufstrecke und Pulsschlag eines Elfmeterschützen. Ersteres optimiert die Erfolgsquote einer Militäroffensive, Letzteres eröffnet der Entertainmentindustrie ungeahnte Einnahmequellen. Der Clou: Man addiert immer mehr Information und somit immer mehr Experience dazu. Das ändert alles.

Von »Instant Replay« und Schussgeschwindigkeit bis zu den gelaufenen Kilometern: Es änderte zuerst die Art, wie wir Fußball schauen – sogar im Stadion –, dann die Art, wie wir Sportler coachen. Und im letzten Schritt ändert es den Sport an sich. KEIN Weltklassesportler wird OHNE Videoanalyse Gold holen. Kein Fußballfan ohne Close-up auf das Foul in Zeitlupe zufrieden sein. Wir wollen wissen, wie schnell der Ball war. Und wer wie weit in der zweiten Halbzeit gelaufen ist. Das ist »angereicherte« Wirklichkeit – oder wie es die Amerikaner nennen: Augmented Reality.

Mit den Entwicklungen geht es BAMM! BAMM! BAMM! weiter. Google Glass wurde mit »Version 2« zwar vom Markt genommen, ist seit Sommer 2017 mit der GLASS ENTERPRISE EDITION aber wieder neu am Start. Und auch Microsoft setzt mit der HoloLens technisch neue Maßstäbe. Das Flugpersonal von Air New Zealand nutzt HoloLens beispielsweise, um den Service an Board persönlicher zu gestalten.

3. Experience Prediction System: Digital vorausschauen!
3ZiWaDuKü, DG, GEH 345,– warm war damals das »Experience Prediction System« für eine Wohnung. »WAHNSINN! 3ZiWaDuKü in der Lage und dann auch noch DG mit GEH: Die muss ich haben!«

Heute schauen wir uns alles digital an, immer öfter in 360-Grad-Virtual-Reality. Wir sehen die neue Wohnung, das Hotel am Strand, den Strand selbst, BEVOR wir hinfahren. Das ändert den Verkauf von Wohnungen, Reisen, Autos, Jachten... Ende offen. Man kann sich reale Dinge ansehen oder Dinge, die es noch gar nicht gibt (das neue Gebäude, die neue Maschine oder die neue Küchenzeile). TUI könnte beispielsweise Themen-VR-Reisen anbieten: Lust, mal mit den Orks plündernd durch Mittelerde zu laufen? Oder doch lieber bei den Hobbits vegan kochen lernen?

Und was kommt noch?

Heute werden uns alle möglichen Dinge per Algorithmus in 2-D vorgeschlagen. Morgen könnte unsere KI über das Matchen von Profilen vielleicht eine neue Wohnung, einen neuen Arbeitgeber oder einen neuen Partner für uns raussuchen. Die Besichtigung beziehungsweise der Kontakt würde dann virtuell »in echt« über VR passieren. Möbel stellt IKEA schon heute »auf Probe« in VR in unser Wohnzimmer. Morgen legt uns die Partnervermittlung wohl per VR »auf Probe« den Traumpartner ins Bett.

NEUE SCHNITTSTELLEN — HEUTE VOICE, MORGEN BRAIN-TO-MACHINE

In den letzten 1000 Jahren entwickelte sich unsere Kommunikation vereinfacht gesagt wie folgt:

1. Fühlen/Denken/Gestik. Super einfach, das können sogar Tiere.
2. Sprechen (ich Tarzan, du Jane). Geht einfach, kann jeder Mensch.
3. Bilder (Höhlenmalerei). Können Tiere nicht und Menschen nur mit Hilfsmitteln.
4. Lesen/Schreiben: Können nur gebildete Leute, Sie zum Beispiel.

Auf der Stufe 4 sind wir gerade.

Super, der Zenit ist erreicht! Hier oben bleiben wir für immer!

Denkste! Denn jetzt geht die Reise dank digitaler Revolution wieder zurück. Wir entwickeln uns in der Art, wie wir kommunizieren, auf direktem Weg zurück zu Fühlen/Denken/Gestik.

Warum?

Eine ganze Weile dominierte im Business ganz klar das SCHREIBEN. Unternehmen beSCHREIBEN sich und ihre Produkte auf Webseiten, in Broschüren etc. Unter »Kontakt« findet man meist ein Formular, in das man sein Anliegen einSCHREIBEN muss.

Dann kamen Bild + Video. Webseiten mit Videos, Pinterest etc. Aus Lesen/ Schreiben wurde also Stufe 3: Höhlenmalerei. Da waren wir gerade. Google änderte den Algorithmus, um Seiten mit VIDEO zu pushen. Facebook liebt VIDEO ebenso. Ihre Website hat weniger Texte als früher, aber viel mehr Bilder, Fotos und Filme: Stufe 3. Höhlenmalerei.

Stufe 2, das »gesprochene« Wort, war lange Zeit zumindest im Internet weg vom Fenster. Das ändert sich JETZT. Voice kommt, da sind wir gerade. Die Voice-Systeme Alexa, Google Home und Co. werden immer mehr zu unserem Operating System. Voice dringt in immer mehr Bereiche. Die neue Technologie gibt uns unsere Stimme zurück! Aus »Tante Emma, ich hätte gerne ein Kilo Bananen« wird »Tante Alexa, ich hätte gerne ein Kilo Bananen«. Alexa und Co. erklären alles, was wir wissen möchten. Immer und überall: im Büro, im Auto …

Perfekt mit KI ausgestattete Voice-Systeme können mehr als nur per Stimme navigieren. Inhalte werden neu konfiguriert. Das System lernt. Die Stimme identifiziert Sie und erlaubt so den individuellen Zugang. »Ich Tarzan – du Jane«: Stufe 2!

Die Stimme ist ein einfacheres Inputsystem als eine »Tastatur«. Der Mega-Trend »Zurück zur Stimme« rast auf uns zu. Immer mehr Internet-Interaktionen werden ohne Screen ablaufen. Eine gute Frage ist deshalb: Was SAGT Ihre Website über IHR Unternehmen? Fragen Sie mal Alexa!

Und was kommt Überüberübermorgen? Na klar: FÜHLEN/DENKEN/GESTIK. Alle deutschen Autohersteller entwickeln GESTEN-Steuerung. Auch die neuen Schwergewichte wie Elon Musk und Mark Zuckerberg arbeiten bereits an Schnittstellen zwischen Gehirn und Maschine. Bis 2020 will Zuckerbergs Team bis zu 100 Worte pro Minute per GEDANKEN ins Internet speisen. Mitte 2017 lagen sie noch bei acht. Elon Musk will mit seinem Unternehmen Neuralink unser Hirn »augmenten«, also besser machen, sodass wir gedankenbasiert Maschinen steuern können und DIREKTEN Zugriff auf ALLES Wissen haben. Der Zukunftsklassiker *Matrix* lässt grüßen: »Kannst du Helikopter fliegen?« »Noch nicht... BAMM!... JETZT SCHON!«

Und dann gibt es noch die schnell wachsende Szene von Hirnforschern, Humanbiologen, Designern, Technikern und Tüftlern (»Neuro-Geeks«), die sich dem digitalen Pimpen des Hirns widmen. Sie nutzen beispielsweise das günstige Neurotech-Baukastensystem OpenBCI, ein in 3-D druckbares EEG zur Gehirnstrommessung. Die ausgelesenen Hirnströme können mit Daten wie der Muskelaktivität, Herzschlag etc. verglichen werden, live mit Robotern oder Apps verbunden und VOR ALLEM mit der globalen Community geteilt werden. So entsteht quasi ein Hirnforschungs-Wikipedia, das jeden Tag mit Informationen aus den unterschiedlichsten Disziplinen angereichert wird.

Zuerst war Kommunikation face to face. Dann face to interface (oder umgekehrt) oder interface to interface. In Zukunft dann »interface to brain«. In your brain information. In your brain operation. In your brain transaction. Schnittstellen entfallen. Alles wird direkter, schneller, unmittelbarer.

Aber der Trend ist klar. Voice sollten Sie definitiv auf dem Zettel haben. Denn jedes noch so gute Produkt ist nur dann gut, wenn es von Kunden wahrgenommen wird. Und dafür wird Sprache JETZT die maßgebliche Interaktionsform.

KOMBINIERE: 1 + 1 = ?

Wichtig bei alledem: Alles beeinflusst alles. Sharing ist kein Silo. Blockchain ist kein Silo. VR ist kein Silo. Alles, was sich kombinieren lässt, wird kombiniert! Kombinieren wir also mal... am besten unverkrampft, spielerisch, Teenagerstyle: WARUM NICHT? Welche Türen würden sich für SIE und IHR Unternehmen öffnen, wenn Sie die genannten Trends FÜR SICH kombinieren. Wie macht man das? Einfach den Satz IMMER WIEDER NEU KOMBINIERT fertig machen. Und wenn mal Scheiße dabei rauskommt... wir erinnern uns: NICHT EINREIBEN! Viel Spaß!

Wenn wir...

Künstliche Intelligenz
> IoT
Coboter
3-D-Druck
Sharing
Blockchain
Neue Realität (VR/AR)
Voice
Gehirn-Maschine-
Interfaces

kombinieren mit...

Künstlicher Intelligenz
IoT
Coboter
3-D-Druck
Sharing
> Blockchain
Neue Realität (VR/AR)
Voice
Gehirn-Maschine-
Interfaces

bringt mich das auf folgende Idee...

denn da hin?

und dann einsetzen für ...

- Ihr Produkt
- Ihren Service
- Geschäftsleitung
- PR/Marketing
- Vertrieb
- **> Einkauf**
- Produktion
- Logistik

DISRUPTION IST KING, VERTRAUEN IST KING KONG!

Da rast extrem viel Neues auf uns zu. Damit es sich auch durchsetzt, müssen wir darin vertrauen. Vertrauen ist der wichtigste Knackpunkt, damit Innovation und besonders auch Disruption funktionieren. Kein Vertrauen – keine Innovation. Oder würden Sie Blockchain einsetzen, wenn Sie dem System nicht trauen würden? Stellt sich die Frage: Wie können Sie für sich, Ihre Kunden, Ihre Kollegen, Freunde, Mitarbeiter SCHNELL und im Idealfall WELTWEIT Vertrauen für etwas schaffen, das es noch nicht gibt und alles Alte unter sich begräbt? Wie können Sie es schaffen, dass Ihr Chef, Ihr VC, Ihr Geldgeber sagt: »Ja, passt, mach das!«

Irgendwie muss es ja funktionieren ... bei anderen geht es auch!

Leute lassen Fremde in ihre Wohnung: Airbnb. Andere tauschen ihr echtes Geld gegen Code: Bitcoin. Wieder andere vertrauen ihr Leben und das ihrer Familie zumindest teilweise einer steuernden Software an: (teil)autonomes Fahren.

Und Sie? Sie haben Ihre Daten, geschäftlich wie privat, ganz oder teilweise irgendwo in der Cloud. Warum vertrauen wir dem NEUEN? Erfahrung kann es ja nicht sein ... oder?

Vertrauen ist die Basis für alles Neue. Der V-Faktor ist wettbewerbsentscheidend.

Hier unsere vier ASSE des Vertrauens:

ASS 1: Fakten

Ja Fakten haben doch noch Sinn. Emotionen sagen, was wir wollen! GEILES AUTO! Fakten helfen, den Wunsch zu begründen: 240 Stundenkilometer, 8, 5 Liter auf 100 Kilometer, soundsoviel Meter Wendekreis. Emotion ist SEXY. Fakten sind SAFE. Und SAFER SEX mögen fast alle. Risky Sex? Nein danke. Langweilige Fakten … No. Safer Sex gewinnt fast immer: EMOTIONEN treiben die Entscheidung an. Fakten geben Sicherheit und helfen, die Emotion vor uns und anderen im Nachhinein zu BEGRÜNDEN!

ASS 2: Experten/Institutionen

Das TÜV- oder Trusted-Payment-Siegel, ein »sehr gut« bei Stiftung Warentest. Neue Dienste (die noch kein eingebautes Vertrauen erarbeitet haben) schmücken ihre Produkte, Services, Webseiten mit diesen externen Vertrauensbeweisen. Zalando und andere E-Commerce-Pioniere stellten solche Siegel vor Jahren sehr prominent auf die Website. Jetzt sind die Prüfstempel irgendwo unter ferner liefen – wir schreien nicht unbedingt vor Glück, aber zumindest vertrauen wir Zalando. Holen Sie sich also Prüfsiegel zu Hilfe: eine Empfehlung von Professorin X, einen Stempel vom BAMM!-

Institut. Aber was machen Sie, wenn Sie erst mal nur Ihren Chef überzeugen wollen? Holen Sie sich trotzdem Unterstützung von Experten. Am besten schriftlich: »Die Leute aus der Abteilung finden die Idee auch super! Hier: Alle haben unterschrieben!« Zur Not mündlich.

ASS 3: Die Bewertung von Peers

Viele von uns vertrauen hauptsächlich dem »Peer Rating«. Die Bohrmaschine mit fünf Sternen ist besser als die mit 3,5 Sternen – egal, was Stiftung Warentest sagt. Besonders Menschen unter 50 trauen Peers am meisten. Ob Industriesauger, Solaranlagen oder Bürostuhl, ein gutes Rating mit Topsternen gibt Vertrauen. Gilt das nur für E-Commerce? NEIN! Sie können auch Ihre Idee einfach durch Peers bewerten lassen. Bewertung heißt hier: QUANTIFIZIERTE QUALITÄT.

Aus dem (unqualifizierten) Ass 2 »Die Leute aus der Abteilung finden die Idee auch super« wird im Ass 3 also QUANTIFIZIERT: »Ich habe die Idee intern getestet: 4,2 von 5 Sternen.« Warum ist das so toll? Das Nennen einer Anzahl von Sternen wird in der LINKEN HIRNHÄLFTE bearbeitet. Und das ist dieselbe Hirnhälfte, die den Deal BEWERTET und ABSCHLIESST. Die rechte Hirnhälfte MAG die Idee emotional-insgesamt, die LINKE Hirnhälfte sagt analytisch-faktisch: »JA! Kauf ich.«

ASS 4: Garantien

Das ist zwar wenig kreativ und noch weniger psychologisch, aber Garantien wirken Wunder! Fünf Jahre Rundum-Sorglos-Garantie machen nahezu jedes

Auto super (na ja... fast jedes). Absicherungen aller Art nehmen Bedenken SOFORT den Wind aus den Segeln: Als Airbnb Wohnungsbesitzer davon überzeugte, Fremde in ihre Wohnung zu lassen, zogen sie die Garantie-keule: Andere versicherten Eigentum mit 75 000 Dollar. Airbnb versichert vermietete Räume mit einer Million Dollar... BAMM!... noch Fragen? So-fort-Vertrauen kann man auch kaufen. Für Ihr Produkt sind Garantien also Sofort-Sicherheit. Für Ihre Idee heißt das: »Ich brauche jetzt also erst mal XXX Euro/Stunden. Hey, wenn das nicht klappt, zahle ich sofort zurück.« Eine simple Garantie eben.

Apropos SOFORT: Manchmal muss Vertrauen gar nicht sofort sein! SCHLEI-CHENDES Vertrauenswachstum ist an der Tagesordnung. Wir gewöhnen uns oft lieber LANGSAM, SCHRITT FÜR SCHRITT an neue Technogien.

Lieblingsbeispiel Autos: Wir haben nicht heute unser normales, analoges Auto und morgen ZACK ist plötzlich alles nur noch selbstfahrend. Wir ge-wöhnen uns langsam an Innovationen. Früher Straßenkarte, dann Navi, dann der Tempomat – erst mit fixer Geschwindigkeit, dann adaptiv. Heute nehmen wir trotz 210 km/h auf der Autobahn die Hand vom Lenker (Spur-halteassistent) und lassen das Auto für uns einparken (Einparkhilfe). Selbst radikalste Entwicklungen – wie vollautonomes Fahren – kommen SCHLEI-CHEND und, selbst wenn es schnell geht, SCHRITT FÜR SCHRITT.

Noch ein Beispiel, Geld: Nach Sparbuch, Girokonto, Online-Banking und PayPal holen sich jetzt die Early Adopters die Währung Bitcoin. Manch einer verschenkt schon Bitcoins zum Geburtstag oder zu Weihnachten. Wir tasten uns ran. Nicht gleich das ganze Sparguthaben umwandeln, aber hey: Bitcoin ist sexy, und safe ist es auch.

Es gibt – natürlich – immer auch Kandidaten mit massivem Misstrauen gegenüber dem Neuen! GRUNDLEGEND vertrauen wir aber der digitalen Welt.

↗ Unser Navi führt uns zielsicher auch in die entlegensten Winkel der Welt (und lenkt uns dabei nicht in einen Fluss oder falsch in eine Einbahnstraße). Es sagt uns exakt die Staulänge voraus, genauer als Radio oder andere Mittel. Wem trauen Sie also MEHR? Dem Navi… oder dem Typ an der Ecke: »Ich kenne da eine Abkürzung…«?

↗ Online-Banking ist sicher! Machen wir den Test: Wem trauen Sie MEHR? Dem Online-Banking… oder dem Typ an der Ecke. »Ich bringe das für dich zur Bank… garantiert!«

↗ Dem Sterne-Ranking bei Amazon vertrauen wir mehr als der Empfehlung vom Onkel.

↗ Unsere Daten sind sicherer in der Cloud als auf unseren eigenen Rechnern.

DENNOCH: WENN SIE MIT DISRUPTIVEN NEUEN PRODUKTEN ODER SERVICES AN DEN MARKT WOLLEN, BAUEN SIE IM ZWEIFEL VERTRAUEN ÜBER DIE VIER ASSE MIT EIN. SICHER IST SICHER.

AKTION.

BAMM!

BESSER BUSINESS-HELD ALS DISRUPTIONSOPFER!

Zum Start in dieses aktivierende Kapitel eine kleine Praxisübung:

1. Verschränken Sie die Arme vor der Brust.
2. Nun lassen Sie Ihre Arme wieder normal hängen.
3. Jetzt verschränken Sie die Arme andersherum vor der Brust.

Nur eine kleine Veränderung. Wie fühlt sich das an?

Lieben Sie Probleme?!

Prag ist eine wunderschöne Stadt. Im Sommer 2016 passierte dort jedoch etwas Schreckliches. Das Trinkwasser war vergiftet. Doch wie haben die Behörden es festgestellt? Ganz einfach: Menschen kamen kotzend ins Krankenhaus! Magenkrämpfe, Übergeben, das volle Programm. Das darf nicht sein! Menschen sind kein guter Sensor für Trinkwasserqualität! Was uns zur Frage bringt, was ein Wasserwerk verkauft. Erst die falsche Antwort: Wasser. Jetzt die richtige Antwort: Ein Wasserwerk verkauft TRINKwasser! Mit der Betonung auf TRINK. Wasser ist das, was es ist! TRINKEN ist das, was man damit tut!

Die Autoindustrie produziert zwar immer noch Automobile: Früher tat sie es mit der Betonung vorne: AUTOmobil. Heute tut sie es immer mehr mit der

Betonung hinten: autoMOBIL. Auto ist »Hauptwort«. Mobil ist »Tu-wort«. Hauptworte grenzen ab: Ein eBike ist KEIN Auto. Tu-worte schließen ein. Auto und eBike machen mobil. Und in der Vulkanökonomie ist einschließen besser als ausgrenzen! Wenn Sie in Verben denken (was Sie tun) und nicht in Substantiven (welche Objekte Sie produzieren), wandeln Sie ihr Unternehmen automatisch vom Produkthersteller zum LÖSUNGSANBIETER.

Das ZIEL Ihrer Kunden ist immer VERÄNDERUNG: Orte wechseln. Besser aussehen. Satt werden. Dafür nutze ich unterschiedliche LÖSUNGEN. Für »Ort wechseln« zum Beispiel ein Auto, die Bahn, ein eBike oder alles zusammen.

Blöd ist nur, dass die gewünschte Veränderung nicht leicht ist. Denn zwischen JETZT und ZIEL liegt immer eines: das Problem! Ich bin gerade zuhause (JETZT), muss aber bald im Büro sein (ZIEL). Dazwischen liegt das PROBLEM: »Wie komme ich da hin?« Meine Haare sind stumpf (JETZT), sollen aber glänzen (ZIEL). Dazwischen liegt das PROBLEM: »Wie schaffe ich das?« Das, was Ihr Unternehmen anbietet, ist die LÖSUNG meines Problems!

Wenn sie LÖSUNGEN verkaufen, müssen Sie zuerst die ZIELE der Kunden verstehen. Aus den Zielen leiten sich die PROBLEME her, die Sie mit Ihrer Lösung knacken! Und die TUT was! Lösungsanbieter verkaufen »TU-worte«!

Wie beim IoT-Shirt von Seite 114? Erinnern Sie sich noch? Nein? Egal! Hier mehr Beispiele:

Q: Warum kaufen Kunden eine Kaffeemaschine?
A: Weil sie einen KAFFEE trinken möchten!

Den Produzenten von Kaffeemaschinen war das ZIEL »Ich möchte einen Kaffee trinken« (trinken = Verb) jahrelang egal. Sie wollten KaffeeMASCHI-NEN verkaufen (Maschine = Substantiv). Ende der Fahnenstange. »Von mir aus kannst du mit der Kaffeemaschine machen, was du willst! Wie wäre es mit einem Aquarium? Fische in der Kaffeekanne!?! Hahahaha!« Das ist heute komplett anders. Und das kam so ...

SCHRITT 1: Die Kaffeemaschinenhersteller produzieren ein PRODUKT (Kaffeemaschine).

SCHRITT 2: Die Kaffeemaschinenhersteller produzieren ein SMARTES PRO-DUKT (eine SMARTE Kaffeemaschine kennt meinen Geschmack).

SCHRITT 3: Die Kaffeemaschinenhersteller produzieren ein SMARTES CON-NECTED PRODUKT (eine SMARTE CONNECTED Kaffeemaschine bestellt Kaffee automatische nach).

SCHRITT 4: Die Kaffeemaschinenhersteller haben ein neues GESCHÄFTS-MODELL (Gewinn kommt vor allem NACH dem Verkauf des Produkts).

Wieviel Wumms

Bieten Sie Produkte oder den besten (?), effektivsten (?), billigsten (?), komfortabelsten (?) XYZ (?)-Weg, das PROBLEM des Kunden zu lösen?

Smart

Produkt

darf es sein?

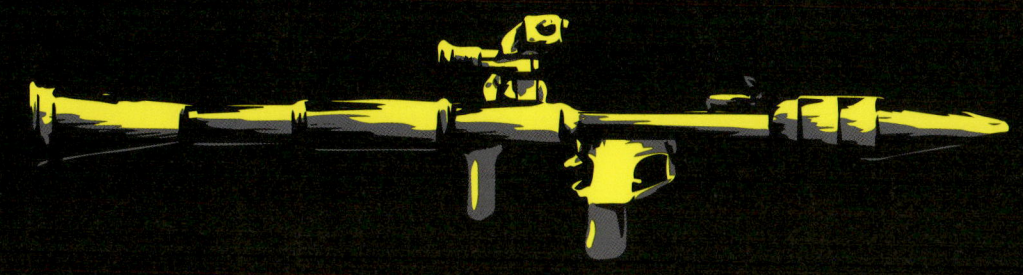

Neues Business-Modell

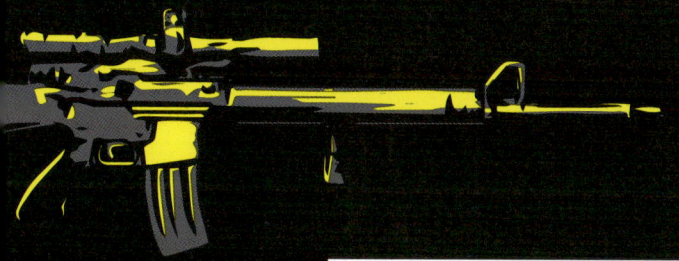

Smart connected Produkt

Produkt

Die Änderung des Geschäftsmodells ist also immer das Endziel. Wer smarte connected Services anbietet, muss IMMER das bestehende Geschäftsmodell überdenken, erweitern und verändern. Wer das nicht tut, nutzt quasi die Panzerfaust als Messer. Stellt sich die Frage: Wie kommen Sie von 1 (Messer) nach 4 (Panzerfaust)?

Q: Ist das EINFACH?
A: NEIN! Meistens nicht.

Der Anfang ist ein Umdenken...

»Sie machen keine Produkte – Sie machen Kunden«, sagte der Business-Guru Peter F. Drucker. Ein Stück weiter geht der »What Problem do you own«-Ansatz von Theodore Levitt (langjähriger Professor in Harvard): »Leute wollen keine Bohrer, Leute wollen ein Loch in der Wand.«

Ja, Peter und Theodore, so war das in der alten Ökonomie. In der Vulkanökonomie ist es aber anders. Leute wollen KEIN LOCH in der Wand, sondern ein BILD an der Wand. Oder noch besser: WECHSELNDE BILDER. Kunden wollen schließlich Veränderung! Und das kann aber auch ein BEAMER, Augmented Reality, eine digitale Tapete oder digitale Farbe. Das ZIEL bleibt, die LÖSUNGEN ändern sich!

Erfolgreiche Unternehmer gehen PROBLEMEN auf den GRUND und schaffen genau dafür Lösungen.

Die heißeste LAVA kommt aus dem INNEREN der ERDE! Gehen Sie bei Ihrer Problemsuche bis ganz nach unten und hinterfragen Sie mehrmals, was Ihre Kunden wirklich wollen, und überraschen Sie sie mit noch mehr!

Probleme sind also gut! Sie helfen Ihnen, Ideen zu schärfen, Sachen spannend zu machen, Gewinne zu erhöhen und Zukunftsstrategien zu festigen. Glauben Sie nicht? Hier die Erklärung:

PROBLEME HELFEN, IDEEN ZU SCHÄRFEN

Aufgabe A: Entwerfen Sie einen neuen Schuh. Welche Ideen haben Sie?
Aufgabe B: Jetzt fügen wir ein Problem dazu: Entwerfen Sie einen neuen Schuh für Blinde!

Wahrscheinlich bringt Sie das zusätzliche PROBLEM auf neue Ideen, mit denen Sie auch andere Produkte besser machen können. Ein digital vernetzter Schuh, der dem Schuhträger per Vibration anzeigt, wo er JETZT abbiegen muss, um von A nach B zu kommen, ist beispielsweise für Blinde genauso geeignet wie für Jogger, die eine neue Strecke ausprobieren wollen, oder für Städtereisende (BZZZ ... hier rechts ... BZZZ ... jetzt links).

Addieren Sie also »Probleme« zu Ihrem Produkt/Service. Und dann: Lösen Sie diese. Wie muss sich Ihr Produkt/Service ändern? Welche anderen Situationen können Ihre Kunden dann meistern? Jedes neue Problem ist ein neues Produkt oder eine neue Geschäftsidee.

Noch ein Beispiel? Nehmen wir die Pizza. Der Standard hat 30 Zentimeter Durchmesser und ist fertig belegt. Für Kids, die gern zocken, für Leute beim Dauertelefonieren oder für Menschen mit bestimmten Behinderungen ist die normale, große Pizza ein Problem: Kleine, vorgeschnittene Stücke wären viel besser. BAMM! Neues Produkt.

Hobbyköche und Menschen, die Gäste einladen, wollen Pizzen lieber selber belegen. Das Problem: Die normale Pizza ist ja schon belegt. Ich will sie aber lieber selber belegen: BAMM! Neues Produkt.

Kinder finden eine runde Pizza langweilig. Das ist ein Problem: Sie wollen die Pizza lieber in Form eines Dinos oder einer Fee. BAMM! Zwei neue Produkte!

Ökologisch eingestellte Menschen wollen die Pizza mit Dinkelmehl, Bio-Zutaten und möglichst regional. BAMM! Neues Produkt! ... und YEAH! Ein neues

PROBLEM! Denn: Wie BEWEISE ich, dass das Mehl auch wirklich bio und regional ist? Hilft hier das »große Indianerehrenwort« der Marke? Und was, wenn Ihre Marke unbekannt ist? Zum Glück gibt es in der Vulkanökonomie die Blockchain! Beweisen Sie damit die Herkunft der Nahrungsmittel! BAMM! Voll neue Idee! Voll neue Lösung! Problem gelöst! Wertschöpfung im Sack!

PROBLEME MACHEN SACHEN SPANNEND

Hier die Idee für ein Spiel: Sie nehmen einen Ball und legen ihn in ein Loch. Langweilig? Addieren wir noch ein paar Probleme und machen es spannender:

A) Sie müssen es mit einem Schläger tun, der Ball ist sehr klein, das Loch ist 486 Meter weit weg und dazwischen befindet sich ein See: BAMM! Golf ist geboren!
B) Das Loch ist eckig, wird bewacht, elf andere wollen Ihnen den Ball immer wegnehmen, und hey, in die Hand darf man den Ball auch nicht nehmen, nur mit Fuß und Kopf: BAMM! Fußball ist da!
C) Das Loch hängt ganz hoch oben: BAMM! Basketball!

Probleme zwingen Sie, auf neue Lösungen zu kommen. Jeder liebt die Challenge! Bier in der Kneipe für den Stammtisch? Kein Problem! Aber was, wenn 70 000 Zuschauer in 15 Minuten Halbzeit ALLE GLEICHZEITIG eines wollen? Spannendes Problem! Dann muss man wohl nach- und vor allem neu denken!

Das schnellste Bier der Welt

SMART LINKS

↗ Video: Die Bier-Zapf-Innovation des Jahrhunderts

PROBLEME ERHÖHEN GEWINNE

Je größer das Problem und die Differenz zwischen SOLL und IST, desto größer ist der Wert Ihrer Lösung. Ein guter Verkäufer versucht, die Differenz zwischen SOLL und IST so groß wie möglich zu machen.

Weg 1: IST möglichst schlecht darstellen.
Mit Ihrem nicht vernetzten Auto können Sie keine Staus umfahren und suchen ewig nach Parkplätzen. Sie kommen zu spät zur Arbeit, verlieren vielleicht Ihren Job, schaffen es nicht rechtzeitig zum Fußballturnier Ihrer Kinder... Entfremdung... Alkohol... Arbeitslosigkeit! Die LÖSUNG ist das Auto mit Smart Traffic Control!

Weg 2: SOLL möglichst gut darstellen.
Wenn Sie ein Auto mit Smart Traffic Control besitzen, kommen Sie immer rechtzeitig, immer entspannt, bestens informiert und immer in Höchstform an. Sie konzentrieren sich MEHR auf Ihren Erfolg – und WENIGER auf die Parkplatzsuche! Ihre Kunden werden zufriedener sein... Sie werden reicher werden, mehr Glück, mehr Erfolg, Champagner, Privatjet, endlich falsche Freunde, YEAH!

Beide Wege maximieren die Differenz zwischen IST und SOLL. Beide maximieren die Größe des wahrgenommenen PROBLEMS. Beide steigern den Wert der Lösung und so den Gewinn, weil das PROBLEM größer ist. Das bedeutet: Der Lösungswert ist eigentlich der »Problemwert«.

Beispiel: Eine Flasche Wasser aus dem Hahn ist üblicherweise relativ wert-los. Die gleiche Flasche nach einem langen Business-Tag am Flughafen schon mehr. Und jetzt springen wir in die Wüste. Zwei Tage ohne WASSER ... ich zahle alles! Was sich geändert hat, ist das Ausmaß des PROBLEMS!

PROBLEME HELFEN, ZUKUNFTSSTRATEGIEN ZU FESTIGEN

Angenommen, Ihre Lösung ist momentan die beste. Der Fortschritt wird diese Lösung aber altern lassen. Das Problem hingegen bleibt. Nehmen wir ein schönes Problem: Hmm, vielleicht Langeweile! Da hilft die Lösung: Spielen! Und die ändert sich ständig: Erst kam das Brettspiel, dann Würfel, Kasinos, Rubiks Cube, Disney World, Nintendo, Xbox, Online-Spiele, Escape Rooms ... alles Lösungen für das gleiche »Problem«.

Die einzelnen Lösungen werden alt. Das PROBLEM ist dauerhaft. Ihr kurzfristiger Markt ist die jeweilige Lösung. Ihr langfristiger Markt ist das PROBLEM an sich.

Was macht ein traditioneller Spielehersteller wie Ravensburger? Zum einen adaptieren (mit der Zeit gehen): Klassiker im Rennen halten, Apps für iPhone und iPad anbieten, Fertigung und Logistik automatisieren. Aber auch völlig andere Lösungen anbieten wie das audiodigitale Lernsystem tiptoi (Ökosystem + Doppelwumme aus analog + digital) und den Freizeitpark Ravensburger Spieleland. Auch kooperativ gibt Ravensburger Vollgas und verdient an einem Lizenzprogramm, unter anderem mit Inhalten von Disney.

Ravensburger hat das Problem »Langeweile« verinnerlicht und schreibt sich nicht eine Lösung wie »Wir machen die besten Brettspiele« auf die Fahne – sie bieten ZAHLREICHE Lösungen an. Individuell. Vernetzt. Kooperativ. Das Ergebnis: Ravensburger ist damit echt erfolgreich.

Machen Sie PROBLEME zu Ihren Verbündeten. Nutzen Sie Probleme, um Ihre Ideen, Ansätze und Lösungen zu schärfen! Suchen Sie Probleme, um neue Produkte zu erfinden und bestehende Abläufe zu verbessern!

Der Markt für Schallplatten, Kassettenrekorder, CDs, MP3s… alles vergänglich. Der Markt für MUSIK HÖREN. Langfristig stabil!

PROBLEME SIND HALTBAR. IHR KERN HILFT IHNEN, NICHT NUR ZU ADAPTIEREN, SONDERN AUCH ECHTE INNOVATIONEN UND DISRUPTIVE LÖSUNGEN ZU ENTWICKELN!

Die vier Stufen der Zukunft

Wenn Sie Lösungen bieten wollen, die in der Zukunft erfolgreich sind, müssen Sie – ganz klar – die Zukunft kennen! Das Problem: Sie kennen die Zukunft aber nicht. Ist das schlimm? NEIN! Haben Sie ja gerade gelernt! Probleme sind super! Die Zukunft nicht zu kennen, ist super! Denn Ungewissheit gehört zur Vulkanökonomie dazu. Sogar der Zufall. Es gibt derzeit viele Millionen Start-ups, die an ALLEN möglichen Themen arbeiten. Welches Start-up mit seiner Lösung ERFOLG haben wird, weiß man NICHT. ABER: Mindestens EINES wird durchkommen!

Q: Kann man sich denn gar nicht auf die Zukunft vorbereiten?
A: Doch klar.

Und jetzt kommt, wie! Dazu teilen wir die Zukunft in vier Stufen ein.

AUSGANGSSTUFE: DRINGLICHKEIT EMPFINDEN

Überleben geht ganz einfach: Man muss einfach nur das halten, was man hat! Im Business eben das Business. Das haben Sie ja schon. Wenn Sie bestehendes Geschäft halten, überleben Sie. Beim Körper eben den Körper. Den haben Sie auch schon. Wenn Sie den bestehenden Körper in seiner Funktion halten, überleben Sie.

Erhalten ist nicht passiv! Beim Erhalten können und müssen Sie auch ersetzen: Alle paar Wochen gehen ein paar alte Kunden weg. Ihr Vertrieb karrt ein paar neue Kunden an. Business erhalten. Alles klar.

Beim Körper das Gleiche: Jede Minute sterben ein paar Milliarden Körperzellen ab. Gleichzeitig bilden sich ein paar Milliarden Körperzellen neu. Auch alles klar. Körper erhalten.

Blöd ist nur, wenn sich plötzlich etwas ändert. Wenn es VERÄNDERUNG in Ihrem Markt gibt. Wenn es VERÄNDERUNG in Ihrem Unternehmen gibt. Dann müssen – einfach nur um das Bestehende zu halten – Sie ANDERS HANDELN als bisher. Wenn die Kunden analoge Kataloge nicht mehr lesen, Sie aber nur analoge Kataloge haben, brauchen Sie jetzt ANDERE. Und das gilt für Produktionsmethoden, Absatzkanäle, Bezahlsysteme … FÜR ALLES!

Q: Wie können Sie den Überblick behalten? Wie können Sie es schaffen, Veränderung im Business rechtzeitig zu erkennen?
A: Genau wie beim Vulkanausbruch! Es gibt fünf Ebenen, auf denen Sie handeln könnten. Hier der Countdown:

4: Seismologen sagen einen Ausbruch in der nächsten Zeit voraus. Eine neue Technologie wird erforscht … sagen wir BLOCKCHAIN. Oder ein neuer Player XY macht sich bereit, mit einer anderen Lösung in Ihren Markt zu drängen.

3: Die Medien berichten über den bevorstehenden Ausbruch. Alle wissen es: BLOCKCHAIN oder XY ist da! Der Sowieso wendet es bereits an!

2: Der Vulkan rumort! Immer mehr Leute verlassen Pompeji und suchen eine neue Bleibe. BLOCKCHAIN wird Trend, XY hat Fuß gefasst.

1: Der Vulkan bricht aus! Die restlichen Einwohner verlassen Pompeji. BLOCKCHAIN wird Must-have, XY wird ernsthafter Player.

BAMM!: Der Vulkan begräbt die Stadt unter sich! Wer geblieben ist, ist tot. BLOCKCHAIN ist überlebenswichtig! XY dominiert.

Realisieren Sie die Dringlichkeit und fragen Sie sich und Ihre Seismografen: Auf WELCHER STUFE ist mein Business gerade? WANN werde ich handeln? WANN handeln meine Konkurrenten? WANN würde ich handeln, wenn ich schlauer wäre?

Sie haben die Dringlichkeit erkannt? Jetzt geht's weiter!

NAHE ZUKUNFT: MIT ADAPTION BESTEHENDES HALTEN UND OPTIMIEREN

Adaption an die Umwelt ist überlebenswichtig! Wenn sich die Umwelt ändert, müssen Sie sich ebenfalls ändern. Einfach nur, um zu halten, was Sie bereits haben.

Die weiße Motte färbte sich im 18. Jahrhundert in England zur »peppered moth« um, weil sie als weiße Motte auf den durch die industrielle Revolution verdreckten Wänden nicht mehr getarnt war. Sie musste gesprenkelt (also »dreckig«) werden, um das zu behalten, was sie hatte: ihr Leben. Alle, die sich nicht angepasst haben, alle, die weiße Motten geblieben sind, wurden gesehen, gefressen und sind tot. Das wollen Unternehmen vermeiden.

Deshalb passen sich Unternehmen ständig an: Wir brauchen eine responsive Website, weil ALLE eine haben. Wir verlagern unsere Daten in die Cloud, weil es ALLE machen. Corporate Social Responsibility (CSR), Gleitzeit, Facebook-Fanpage, agile Entwicklung… alles Adaptionen mit einem klaren Ziel: Überleben sichern!

Wer nicht adaptiert, verliert. Die Geschäftsleitung mag das als Innovation empfinden, weil sie die Strukturen, Abläufe und die Kommunikation erneuert. Stimmt. Aber eigentlich bedeutet es nur, »mit der Zeit zu gehen«. Mitgehen. Anpassen. Adaption.

Um Adaption klarer zu machen, hier ein Beispiel aus der PRAXIS:

Sie haben einen tollen Zahnarzt. Ihr Mann auch. Beide verfügen über die vier Zahnarzt-ASSE: 1) Fachlich absolut kompetent, 2) neueste Methoden, 3) beste Materialien, 4) schöne Praxis. ABER: Bei IHREM Zahnarzt können Sie einfach vom Smartphone aus im Online-Kalender einen Termin vereinbaren, und Sie werden daran erinnert. Ihr Mann hingegen muss bei seinem Doc anrufen und dann eine Runde lustiges Termineraten spielen: »Mittwochs zehn Uhr? Geht nicht. Freitagnachmittag um 15 Uhr? Freitags kann ich nie vor 17 Uhr.« Was ist der Unterschied? IHR Zahnarzt adaptiert und hält Sie. Der Zahnarzt Ihres Mannes hat vielleicht bald einen Patienten weniger … außer er PASST SICH AN!

TIPP: *Wenn Sie herauskriegen wollen, was Sie adaptieren müssen, schauen Sie nicht nur auf BEST PRACTICE (das Gute, das jetzt alle machen: »Die haben jetzt Terminplanung am Handy«), sondern konzentrieren Sie sich auf BAD PRACTICE (das Schlechte, was Sie und alle anderen FALSCH machen). Bad Practice hat meist noch mehr positiven Einfluss und Kraft als Best Practice. Machen Sie es für Ihre Mitarbeiter genauso einfach, über BAD PRACTICE zu reden wie über Best Practice. Denn: BAD Practice zeigt ein PROBLEM! Und Probleme sind? … Richtig: SUPER! Denn sie helfen, auf Stufe 2 zu kommen. MITTLERE ZUKUNFT: INNOVATION!*

MITTLERE ZUKUNFT: MIT INNOVATIONEN NEUE KUNDEN UND MÄRKTE GEWINNEN

Beziehungen – privat und beruflich – bleiben dauerhaft, wenn Sie Ihren Partner ab und zu herausfordern. Wenn Sie ihm helfen, Dinge zu tun und zu erleben, die er sonst nicht erlebt hätte. Damit das Leben dann reicher, spannender, interessanter wird, weil NEUES passiert! Gute Vulkanmanager handeln entsprechend. Sie geben Ihrem Team, Ihren Kunden und Partnern Mut zur Innovation. Sie erforschen Neues. Sie haben keine Angst vor Fehlern. Nur Pioniere entdecken Kontinente. Nur Pioniere bringen neue Schätze nach Haus.

Fangen wir wieder vorne an: Früher tobte das Leben im Meer. Dann sagte ein Fisch zum anderen: »Wetten, du gehst nicht an Land!« BAMM!: Neues Ziel! Neue Herausforderung! MACH ICH!

Also ging das Leben an Land und eroberte NEUE Gebiete. Vorher war es nur im Meer – jetzt auch an Land. Dazu musste das Leben ALTES ZURÜCKLASSEN: Weg mit den Kiemen, her mit der Lunge. Weg mit den Flossen, her mit den Beinchen. Der gesamte Organismus musste sich also TRANSFORMIEREN. Nicht nur äußerliche Kosmetik wie bei der Motte. Aus Leben im Meer entwickelte sich

1) erfolgreiches Leben im Meer UND
2) erfolgreiches Leben an Land.

Die Challenge bei Innovation ist 1. Die Vision: WIR WOLLEN an Land und hinauf auf die Berge! 2. Die Power hinter die Vision bringen: Wir MÜSSEN einen neuen Organismus erschaffen! Wir BRAUCHEN dafür Beine und Lunge statt Flossen und Kiemen!

Ob Sie Ihre bestehende Organisation dafür komplett umbauen oder aber eine komplett neue Organisation erschaffen sollten, hängt mehr von der Struktur Ihres Unternehmens als vom Projekt ab. Oft liegen die Kosten der Implementierung in bestehende Systeme deutlich über den Kosten der Realisierung der Idee an sich. Viele Experten sehen die 80/20-Regel (im Prinzip) auch für Innovationen. Neue App: 20 Prozent der Kosten. Implementierung der neuen App in das bestehende System: 80 Prozent der Kosten. Da ist es manchmal billiger, komplett NEU anzufangen. Statt 100 Prozent Ihrer Energie in die Umsetzung des NEUEN zu stecken, müssen Sie einen großen Teil Ihrer Energie erst einmal dafür verbrennen, das Alte zu VERLERNEN! Das kann echt ins Budget gehen. Außer eben, Sie lagern es aus.

Innovation ist ein neuer Vulkan, der Ihnen NEUES Land schaffen kann. ...Immer ANDERS als das Bestehende. ...Immer von hohen Kosten der IMPLEMENTIERUNG belastet, außer, Sie lagern es aus.

Um Innovation klarer zu machen, hier wieder Beispiele:

Diesmal nicht Zahnarzt, sondern die Zahnbürste! Bei Kindern rangiert Zääähneeeputzen auf der Funskala ganz weit unten. Ein österreichischer Vulkan namens Playbrush veränderte das schlagartig. Playbrush machte die Zahnbürste über einen intelligenten Bürstenaufsatz zum Gamecontroller, und das Zähneputzen zur aufregenden Reise ins Märchenland Utoothia. Hier bekämpfen die Kinder durch Putzbewegungen und eine gekoppelte Tablet App grüne Kariesmonster, retten die Zahnfee, fliegen per Flugzeug auf den Zahnstern oder malen Bilder an. So simpel die Idee, so massiv gut der Effekt. Das Zähneputzen macht nicht nur Spaß, sondern ist durch integriertes Feedback und Statistiken auch noch effektiv. Voll ANDERS als nur Zahnbürste!

Next one: *Encyclopædia Britannica*. Genau die, die von Wikipedia vom Markt gefegt wurden. Aber sie haben erfolgreich Innovation betrieben und sind heute ein internationales Ökosystem, das erstens ein interaktives Bildungsangebot für alle Altersstufen, zweitens innovative Lehrangebote für den Unterricht und drittens überprüftes, gesichertes Wissen anbietet. *Encyclopædia Britannica* hat seine DNA »Wissen anbieten« in die digitale Welt überführt.

1. Tipp: Wenn Sie herauskriegen wollen, welche Innovation am Markt erfolgreich ist, suchen Sie NICHT nach neuester Technologie. Suchen Sie nach PROBLEMEN. In die Technologie adaptiert man nur. Aber PROBLEME NEU zu lösen, das ist Innovation!

2. Tipp: Wenn Sie das MARKTPOTENZIAL Ihrer Innovation bewerten möchten, machen Sie es wie Google! Machen Sie den ZAHNBÜRSTENTEST: Wie gut ist meine Innovation im Vergleich zu einer Zahnbürste. Zahnbürsten hat JEDER. Zahnbürsten werden HÄUFIG genutzt. Die INVESTITION in Zahnbürsten ist extrem SINNVOLL. Wenn Ihre Innovation diesen Test von Marktdurchdringungspotenzial, Nutzungsfrequenz und Kaufbereitschaft standhält: BAMM! Machen! Denn dann hat Ihre Innovation das Potenzial zu Stufe 3: DISRUPTION.

LANGFRISTIGE ZUKUNFT: MIT DISRUPTION DEN MARKT ÄNDERN

Adaption verhindert Verlust. Sie passen sich an das Neue an. Innovation bringt Neues: neue Kunden, neue Märkte. Disruption vernichtet das Bestehende. JEDER bestehende Markt wird irgendwann disruptiert. Für viele Märkte ist dieser Moment: JETZT!

Ein Merkmal jeder Disruption ist die Vernichtung des Alten. Aus Kutschen wurden Autos, aus Kerzen Glühbirnen, aus Eisblöcken Kühlschränke. Und hier schlummert ein massives Problem für die Unternehmen:

ALLE verstehen Adaption, einige schaffen wahre Innovationen, aber kaum ein etablierter Player versteht und macht Disruption.

Q: Wie kann man da mithalten?
A: Erst wissen, dann wollen!

Fangen wir also mit WISSEN an und schlagen die Lehrbücher auf: DISRUP-
TION ist die TRANSFORMATION des gesamten Marktes: »Weg vom Alten –
hin zum Neuen«. Und das geht fast immer so (auch hier wieder ein Countdown):

4. **Jemand erfindet (theoretisch) ein neues Produkt.** Das kann eine Uni oder
   ein Start-up sein. Oder Ihre Forschungs- und Entwicklungsabteilung.

3. **Leute (meist nicht dieselben wie die Erfinder) investieren und bringen
   das Produkt auf den Markt.** Das kann ein Venture Captitalist, Kunden
   (Crowd Funding) oder Ihr eigenes Unternehmen sein.

2. **Kunden finden das Neue gut.** Aus Idee/Produkt/Service/Plattform wächst
   eine florierende Company – oder sie geht in einer noch größeren Firma auf.

1. **Andere Unternehmen (neue und alte) springen auf den Zug auf und adaptieren.** Kunden nutzen nur noch das Neue.

BAMM!: Totale DISRUPTION! Alle Firmen, die nur noch das Alte anbieten, sind – mit wenigen Ausnahmen wie Nischenanbieter oder bewusste
Kontra-Trend-Anbieter – weg vom Fenster. Das Neue ist »normal«. Der Markt
ist vollständig transformiert.

Welcher Disruptionstyp

»Ich liebe es, Probleme zu finden und diese mit neuester Technologie zu lösen!«

❏ Ja   ❏ Nein

Bei Ja: Sie sind der Stufe-4-Typ! Das ist echt langfristige DISRUPTION!

»Ich liebe es, neue, ungewöhnliche Ideen zu finden und diese auf die Straße zu bringen!«

❏ Ja   ❏ Nein

Bei Ja: Sie sind der Stufe-3-Typ. Vielleicht ein Venture Capitalist? Das ist auch DISRUPTION!

»Wenn es neue, ungewöhnliche Ideen gibt, die am Markt gut funktionieren, springe ich auf und mache die besser!«

❏ Ja   ❏ Nein

Bei Ja: Sie sind der Stufe-2-Typ: Die zweite Maus! Das ist nur noch mittelfristige Innovation … aber kann auch super sein!

»Das Neue ist mir unheimlich. Aber wenn es meine Kunden wollen, passe ich mich eben an!«

❏ Ja   ❏ Nein

Bei Ja: Dann gehören Sie zur Stufe 1! Anpasser, der kurzfristig Adaption macht (»Wir haben jetzt auch Digitalisierung eingeführt«).

»*Schuster, bleib bei deinen Leisten. Ich mach, was ich mach ...*
Änderung kommt mir nicht ins Haus!«

❏ Ja ❏ Nein

Bei Ja: Oh je ... ABER selbst das kann okay sein!

Die BAMM!-Stufe ist gut, wenn es noch einen Nischenmarkt für das Alte gib
oder sich dieser entwickelt: Vinylplatten wurden trotz MP3 und Streamin
weiter gekauft, aber nur in Nischen wie Techno oder Hip-Hop. Wir kenner
das: Cafés OHNE Internet. Hotels OHNE Wi-Fi im Zimmer.

Also:
BEWUSST NICHT CONNECTED!
BEWUSST NICHT EINFACH!
BEWUSST NICHT DIGITAL!
BEWUSST NICHT SCHNELL!

Nachteil der Nische: Sehr, sehr klein! Eine Nische eben – kein fettes Hau
mit Swimmingpool – nicht mal ein Wohnzimmer mit Platz für jeden.

Der Markt wird disruptiert. Entweder mit Ihnen. Oder ohne Sie. Da ist es extrem wichtig zu wissen, welcher Disruptionstyp Sie sind. Denn nur dann können Sie Ihre Aktionen so setzen beziehungsweise Ihr Team so zusammenstellen, dass Sie jede Disruption perfekt anschieben oder zumindest optimal meistern können. Wenn Sie der Stufe-3-Typ sind, ist Ihnen Stufe 4 zu wild … und Stufe 2 zu lahm. AUSSER: Sie rocken Stufe 2 hoch … (»hey, richtig Erfolg haben wir nur dann, wenn wir an die START-UPS gehen«) oder Stufe 4 runter … (»hey, ohne einen fetten Investor bleibt ihr eine Kellerband«). Um Ihr Umfeld besser einschätzen zu können, benötigen Sie außerdem Wissen aus dem Markt. Am besten ein Frühwarnsystem … Dieses Buch ist ein super Anfang!

»Robert Bosch Venture Capital knüpft wertvolle Beziehungen zur Start-up-Szene und leistet somit einen wichtigen Beitrag zur Innovationsführerschaft von Bosch. Für uns ist RBVC ein Frühwarnsystem, um nicht von neuen, bahnbrechenden Technologien überrascht zu werden, die einen Markt völlig umkrempeln können.«

VOLKMAR DENNER, CEO, ROBERT BOSCH GMBH

Q: Ist es schlimm, ein Stufe-1-Typ zu sein?

A: Stufe 2, 3 oder 4 wären besser, aber Disruption ändert den gesamten Markt. Und die Transformation des Marktes braucht jeden. Wenn Sie für Stufe 1 BRENNEN, machen Sie Stufe 1. WICHTIG ist, dass Sie es TUN. Je früher, desto besser, aber besser spät als nie!

Und damit sind wir beim WOLLEN: Sie erinnern sich: Erst WISSEN ... dann WOLLEN ... ohne WOLLEN nützt Ihnen Ihr Wissen nämlich gar nichts!

Q: Ist Tun nicht besser als Wollen?

A: Wenn WOLLEN das TUN beinhaltet, dann nicht!

Q: ????

A: »Ganz einfach. Ich WILL auf einen Berg. Dann gehe ich los! Ich TUE es. Dann werde ich müde. Jetzt hilft der WILLE! Wenn ich es WIRKLICH WILL, schaffe ich es, WEITERZUGEHEN, auch wenn es schwierig wird. Der WILLE zieht mich. Der Körper folgt.

Q: Aber was, wenn der Körper beziehungsweise meine Organisation nicht folgt?

A: Dann WILL Ihre Organisation es nicht stark genug!

In der Vulkanökonomie geht es weniger darum, wie groß und stark der Vulkan ist, sondern wie HEISS ER BRENNT. Was zählt, sind die Vision und besonders die Power, um den Vulkan zur Explosion zu bringen.

»Den Willen, Zukunft zu gestalten, musst du im Herzen haben. Es bringt nichts, das Silicon Valley zu kopieren, du musst verstehen, was es ist. Und das Wichtigste am Silicon Valley ist die Herangehensweise. Neudeutsch spricht man von Mindset: Gehe kreativ mit neuen Ideen um und fürchte dich nicht vor dem Scheitern. Wage etwas, denke groß.«

JOE KAESER, CEO SIEMENS AG

SCHEISS AUF DIE THEORIE – ICH WILL JETZT EIN MÄRCHEN!

»Alles schön und gut«, dachte der Junior-Chef, der gerade die Traditions-garagentorfirma seiner Eltern übernommen hatte. Da stand er nun vor seinem Werk und weinte bitterlich: »Was ist denn das für eine beschissene Zukunft? Graue, langweilige Garagentore verkaufen, wo doch alle Welt individualisierte Produkte haben will. Wie soll das bei GARAGENTOREN funktionieren? Sollen wir sie etwa für jeden anders anmalen? Am besten noch von irgendwelchen Künstlern!!!« Wütend stampfte er mit beiden Beinen auf den Boden.

»Ein Ökosystem lässt sich damit nicht aufbauen. Alarmanlagen, Heizsysteme und dergleichen können wir nun mal nicht. Wir machen GAAAARAAAAGEN-TORE!« Verzweifelt wischte er sich eine Träne aus den Augen. »Und wenn erst selbststeuernde, fliegende Drohnen, Autos und so Zeug kommen, braucht sowieso keiner mehr Garagen. Was sollen wir dann verkaufen? Etwa Landeboxen für Drohnen? Die müssten oben aufgehen und eine Ladestation haben. Geknickt schlug er dreimal gegen ein Garagentor. Und dann geschah es!

»BAMM! BAMM! BAMM! ... Du hast mich gerufen?« Der Junior-Chef traute seinen Augen nicht. Vor ihm manifestierte sich aus dem Nichts eine Erscheinung.

»Wer bist du denn?«

»Man nennt mich den Geist der Disruption … und deine Zukunft ist doch super!«

»Echt?«

»Logo!«

Und dann zeigte ihm der Geist der Disruption die vier Stufen seiner Zukunft: Stufe 0 (Dringlichkeit): Hast du erkannt, topp!«

Der Junior-Chef grinste.

»Stufe 1 (Adaptieren, das Ding sexy machen): Du packst Skins (Individuallackierung oder besser noch bedruckte Folie) auf die Garagentore. Und ja, am besten von Künstlern UND voll individuell. Das ermöglicht auch satte Preisaufschläge. Dazu kommt die Modernisierung der Lackiererei.«

Der Junior-Chef lächelte.

»Stufe 2 (Innovation, Dinge neu machen, Ökosystem bauen): Biete Sicherheitssysteme über Partnerschaft an. E-Mobility kommt = du musst Ladestationen von Partnern integrieren. Heiz- und Kühlsysteme anbieten. Eventuell mit Versicherungen arbeiten (Bonus, weil deine Garagen besonders einbruchsicher sind). Biete Module an, um daraus den ultimativen Partyraum, Weinkeller oder Lagerraum zu machen.«

Der Junior-Chef tippte wie wild Notizen in sein Smartphone.

»Stufe 3 (Disruption, die Drohnen regieren!): Niemand braucht mehr eine Garage für SEIN Auto. Man nimmt sich einfach eines von der Straße oder ein Drohnentaxi. Es werden aber Drohnenports, Landeboxen und dergleichen gebraucht. WOW, neuer Markt für dich. Darauf kannst du dich jetzt schon einstellen und richtig absahnen!«

Der Junior-Chef tanzte herum und schlug Purzelbäume.

»Super Ideen – wo hast du die alle her?«

»Von dir mein Freund, von dir!«

Wenn Sie WISSEN, was Sie WOLLEN, zählt nur noch IHRE Radikalität! Wie stark fokussieren Sie auf Ihr Ziel? Extrembergsteiger denken an nichts anderes als an den Berg. An was denken Sie?

Jetzt sind Sie dran!

Fragen Sie sich: Was können andere tun, um Ihr Geschäftsmodell zu vernichten? Und wenn Sie es wissen: Tun Sie es selber!

Radikalisieren Sie Ihre SZENARIEN!

Was, wenn JEDER Kunde individuelle Angebote möchte? Was, wenn KI, IoT, Coboterisierung, Sharing ... zur GÄNZE ausgereift sind und tatsächlich ABSOLUT ALLES CONNECTED ist?! Ist Ihr Business dann noch fit? Wie sichern Sie Ihren Erfolg? Wie müssen Sie aufgestellt sein? 2025 ist nämlich nicht die lineare Weiterwicklung von 2018 – nur sieben Jahre später. Die Spielregeln werden neu geschrieben – jetzt, morgen, immer wieder.

Radikalisieren Sie Ihre AKTIONEN!

Nicht jeder Manager ist der Typ für radikale Aktionen. Überlegen Sie, wer in Ihrem Management eher rockig-hemdsärmelig veranlagt ist, und geben Sie ihm/ihr einen fetten Change-Hammer in die Hand. Auftrag: Alles kaputt schlagen, was den Fortschritt behindert. Das Alte behindert das Neue! Und Sie wollen und brauchen das Neue! WENN Sie das Neue nicht in Ihr Unternehmen bringen können, gründen Sie ein zweites, drittes, viertes außerhalb des Mutterhauses. Besser mehrere Unternehmen mit unterschiedlichen Geschwindigkeiten, als wenn das schwächste Glied die ganze Kette plattmacht!

Die Zukunft richtig navigieren: Der BAMM!-Kompass

Wenn Sie Ihre Zukunft navigieren wollen, brauchen Sie eines unbedingt: einen Kompass! Er hilft, Ihr Nah-, Mittel- und Fernziel sicher zu erreichen, auch wenn die Wellen hochschlagen. Auch dann, wenn die Sicht verdeckt ist. Auch dann, wenn die Strömung Sie mal hierhin, mal dorthin treiben will. Denn wenn Sie auf jede Strömung, Welle oder auf jeden Blitz am Himmel reagieren, verlieren Sie leicht die Orientierung: In welche Richtung muss ich?

Jeder gute Kapitän weiß: Je komplexer die Situation, je dramatischer das aktuelle Umfeld, je stärker und radikaler der Wandel, desto weiter entfernt, desto langfristiger muss der Orientierungspunkt sein. Auf dem Meer orientiert man sich am Nordstern. Er ist nicht mal in unserer Galaxie. Und im Business orientiert man sich mit dem BAMM!-Kompass – der kommt jetzt:

Der BAMM!-Kompass in der Anwendung:

Unser Kompass hilft Ihnen, alle vier Richtungen im Auge zu behalten und so Ihr Unternehmen sicher in die Zukunft zu steuern. Denn ganz egal, was auf dem Meer der Disruption gerade passiert: Diese vier Richtungen bleiben immer gleich. Es sind also bleibende Ziele, die Ihnen helfen, sich und Ihr Business in eine erfolgreiche Zukunft zu steuern.

Habe ich heute etwas

einfacher,

individueller,

> **vernetzter**,

serviceorientierter

gemacht?

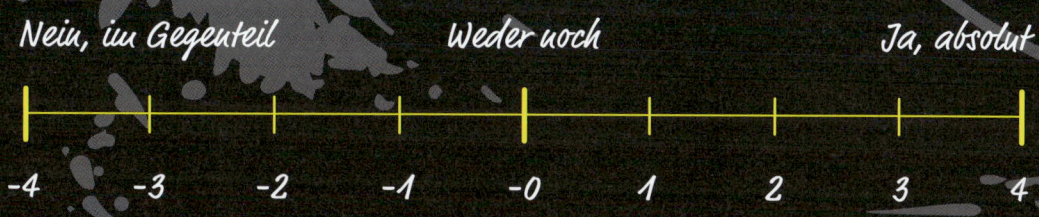

Nein, im Gegenteil   Weder noch   Ja, absolut

-4   -3   -2   -1   -0   1   2   3   4

Täglich den Score bestimmen und
über die Zeit aufaddieren.

Wenn Sie nach einem Monat eine
positive Zahl haben … Gut!
Negative Zahl … Kurs ändern!

SERVICE-OPTIMIERTER

SERVICEOPTIMIERUNG ist der WESTEN: Das große Ziel, wo die Sonne untergeht.
Wer statt Herstellung die NUTZUNG als Ziel hat, bedient den GESAMTEN PRODUKTLEBENSZYKLUS. Das maximiert Ihre GEWINN-TOUCHPOINTS.

INDIVIDUELLER

INDIVIDUELL ist der SÜDEN:
Warm! Geil, da will jeder hin.
Mithilfe der Digitalisierung können Sie sich auf JEDEN Kunden einstellen. Heute gewinnt alles, was den Narzissmus bedient.

EINFACHER

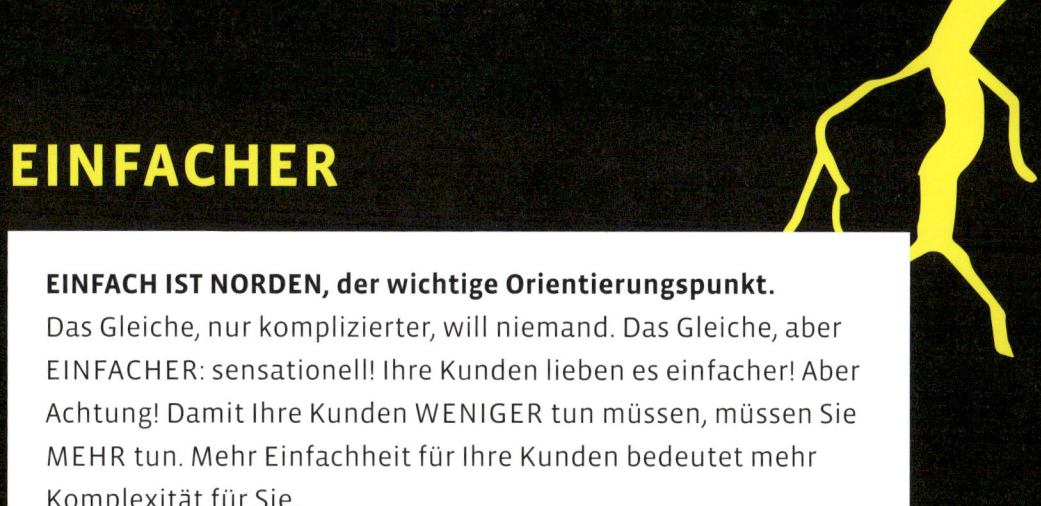

EINFACH IST NORDEN, der wichtige Orientierungspunkt.
Das Gleiche, nur komplizierter, will niemand. Das Gleiche, aber
EINFACHER: sensationell! Ihre Kunden lieben es einfacher! Aber
Achtung! Damit Ihre Kunden WENIGER tun müssen, müssen Sie
MEHR tun. Mehr Einfachheit für Ihre Kunden bedeutet mehr
Komplexität für Sie.

VERNETZTER

**VERNETZUNG ist der OSTEN,
wo die Sonne aufgeht!**
Je vernetzter Sie sind, desto größer
werden Ihre Lavaströme/Ihr Ein-
fluss-Service-Gewinn-Universum.

Alles wird generell einfacher, individueller, vernetzter und serviceorientierter. Wenn Sie in diese Richtungen fahren, kommen Sie Ihrem Erfolg immer näher!

Q: Wie können Sie die Fahrtrichtung prüfen?
A: Durch Messen!

Q: Wie wird man einfacher?

A: Durch weniger Schritte, um ans Ziel zu kommen. Kaffeekapseln brauchen KEIN Mahlen, KEIN Dosieren, KEIN sorgfältiges Abpinseln. EINFACH Kapsel rein... fertig. Der Erfolg von Nespresso und Co.! Oder im Laden einfach was in die Tasche packen und OHNE Kasse, OHNE Anstellen, OHNE Einpacken, OHNE Bezahlen aus dem Laden gehen. So wie bei Amazon Go und anderen.

Je weniger Schritte es zum Ziel sind, desto mehr Menschen werden es erreichen. Zur Not: Ziel minimieren! Das zweitbeste Foto mit einem Klick ist besser als das beste Foto mit sechs Schritten!

Q: Wie wird man individueller?

A: Indem Sie die Kunden kennen. Da helfen Daten, Algorithmen und künstliche Intelligenz, um aus Daten Wissen und Weisheit über Ihre Kunden zu extrahieren. Sonst wird's schwer mit dem Individualisieren. Wir vergleichen:

A: »Ich hätte gerne ein Geschenk.«
B: »Für wen?«
A: »Keine Ahnung.«
B: »Oh!«

versus

A: »Ich hätte gerne ein Geschenk.«
B: »Für wen?«
A: »Achtjähriges Mädchen. Liebt Meerjungfrauen, Lieblingsfarbe ist Gold.«
B: »Ah!«

Q: Wie wird man vernetzter?

A: Durch Ökosysteme.

Und die teilen sich in zwei Arten: innerhalb und außerhalb des eigenen Unternehmens.

Fangen wir innerhalb an! Das klassische Ökosystem INNERHALB der eigenen Produkt- oder Markenwelt ist die Kompatibilität. Zum Beispiel gleiche Akkus für verschiedenste Geräte – vom Staubsauger bis zum Bohrer. Das macht Bosch. Auch GARDENA ist in sich selbst voll vernetzt. Jedes Ding passt an jedes. Ebenso LEGO. Kompatibilität geht aber nicht nur bei Produkten. Das Red-Bull-Adrenalinsystem ist ebenfalls in sich perfekt aufgebaut:

Vom Drink zum Event – bei Red Bull stützt alles das eine, klare Ökosystem namens »Wach sein und Vollgas«! Interne Ökosysteme schaffen STIMMIGE WELTEN – von Produkt zu Produkt – oder von Produkt zu Event. Oder sogar von Produkt zu Arbeitsplatz.

Die meisten Ökosysteme weiten sich aber nach AUSSEN aus und partnern mit anderen Unternehmen. Das Ökosystem eines Fitness-Trackers kann sich mit Versicherungen verbinden, mit Sportnahrung oder sogar mit Sportreisen. Auch der Kaffeeautomat, der automatisch Kaffee nachbestellt, gehört hierhin. Die STIMMIGE WELT weitet sich aus. Der goldene Zaun fällt.

Möchten Sie die Ausweitung von Ökosystemen in freier Wildbahn beobachten? Schauen Sie auf Ihr Leben: Ihr Auto wurde bereits ein Ökosystem. Sie können mit dem Navi Tankstellen finden oder im Auto ein Restaurant buchen. Ihre Airline ist ein Ökosystem und vermittelt bei Flugbuchung Hotel, Autos, Versicherungen, und vernetzt sich mit anderen Airlines. Verschiedene deutsche Airports bieten mit »Passngr« EINE gemeinsame App, um das Ökosystem zu vergrößern. Im selben Reisemarkt mischt auch der Kofferhersteller Rimowa mit. Die Koffer mit »Electronic Tag« sind mehr als Koffer. Sie sind der GRUNDSTEIN für neue Services, neue Partner und neue Einnahmequellen. Rimowa ist vom Kofferhersteller zur Datencompany und somit potenziell zum Herrscher eines ÖKOSYSTEMS geworden! Gut gemacht!

Q: Warum ist das gut?
A: Weil Ökosysteme Vulkanketten sind.

»Ring of Fire«

Wenn sich mehrere Vulkane zusammentun, ist der Effekt gewaltig! Ökosysteme als Vulkanketten bieten für Sie und Ihr Unternehmen gleich mehrere Vorteile:

↗ Ökosysteme generieren zusätzliche Einnahmequellen: Vermittlung von Kaffee, Spülmittel, Sprit, Reisen, Kleidung, Musik, Mietwagen etc. gegen Gebühr.

↗ Das Ökosystem macht ein Wechseln schwieriger und (zumindest emotional) teurer. Wer schon einige Geräte mit immer gleichem Akku hat, wird eher der Marke treu bleiben. Dasselbe gilt für Apps oder andere Zusatzdienste. Welcher Jogger möchte schon auf die vielen Services und die Menge der gespeicherten Daten der Lauf-App verzichten? iOS zu Android und umgekehrt: lieber nicht!

↗ Das Ökosystem macht sich über Zusatzdienste und andere Produkte attraktiver. Man erhöht durch Services und Angebote in Randgebieten des Produkts die Zufriedenheit und die Kundenbindung. Beispiel wäre ein Hundefutterhersteller, der zusätzlich Spielzeug, Urlaube, Kurse oder Spaziergangservice für Fiffi und Brutus anbietet.

Jetzt kommt es noch besser: Denn Marken und Services können noch schneller und enger zusammenarbeiten, wenn alle in der gleichen INFRA-STRUKTUR operieren:

↗ **Die CLOUD macht »firmenübergreifenden« Austausch und Kooperation einfacher und schneller! Und IoT vernetzt alle (Kunden und Anbieter im Ökosystem).**

↗ **BLOCKCHAIN macht »firmenübergreifenden« Austausch und Kooperation sicherer und kostengünstiger.**

↗ **KÜNSTLICHE INTELLIGENZ macht »firmenübergreifenden« Austausch und Kooperation effektiver, vorhersehbarer und steuerbarer.**

↗ **ROBOTER, 3-D-DRUCKEN und IoT machen die Produktion vieler individueller, kombinierter Güter und Services bezahlbarer.**

Ökosystem bedeutet aber auch:

↗ **Die Grenzen Ihres Unternehmens verschwimmen.**

↗ **Die Grenzen Ihres Produkts verschwimmen.**

↗ **Die Grenzen Ihres Gewinns verschwimmen.**

↗ **Die Grenzen Ihres Jobs verschwimmen.**

↗ **Das macht Ihr Leben komplexer/problematischer.**

Ein schönes Ökosystem-Beispiel im Bereich Medien ist der Wandel des *Handelsblatts*. Deutschlands größte Wirtschaftszeitung hat mit ihrem Wirtschaftsclub ein in Europa bisher einzigartiges Mitmachprogramm mit allerlei exklusiven Formaten geschaffen. Dazu gehören Zugriff zu verschiedenen journalistischen Angeboten (na klar!), aber auch die Teilnahme an über 200 Veranstaltungen, Buchpremieren, individuellen Kunstführungen und exklusiven Weinproben. Sogar ein Schreibtisch in den New Yorker Redaktionsräumen und eine Wall-Street-Führung mit TV-Börsenreporter Markus Koch gehören zum Club-Ökosystem. Ähnliches bieten auch andere Medien. Alle wollen ein Ökosystem sein.

»Je digitaler unsere alltägliche Kommunikation wird, desto bedeutsamer ist der persönliche Austausch. Die Mitglieder des Clubs haben direkten Zugriff auf ein beachtliches Portfolio von Persönlichkeiten, Produkten und Services. Journalismus findet beim *Handelsblatt* in drei Darreichungsformen statt: Print, digital und live.«

IRIS BODE, DIRECTOR SALES & MARKETING,
HANDELSBLATT WIRTSCHAFTSCLUB

ENDLICH ist es da: das langersehnte Ende der Silos!!! Das DRUMHERUM schafft das Ökosystem! LEGO änderte NICHT den LEGO-Stein, um nach einer Krise wieder tipptopp dazustehen. LEGO änderte insbesondere das DRUMHERUM. Brachte Apps, TV-Shows, den YouTube-Kanal, die Kinofilme. Das DRUMHERUM brachte LEGO nach vorne.

Das DRUMHERUM schafft das Ökosystem!

Manche Führungskräfte denken nach wie vor, dass »ihre Branche« nicht von der Disruption betroffen ist. Sie schauen bei Problemen weg, statt Probleme gut zu finden. »Menschen werden nach wie vor mit Bussen befördert« – »Brot muss nach wie vor gebacken werden« – stimmt. Doch das Drumherum ist zukünftig entscheidender als das Produkt selber.

Bestes Beispiel: Flixbus. Europas Fernbusmarkt wird von einem deutschen Tech-Unternehmen, nicht von einem Busunternehmen beherrscht. Mit dem Bus-Ökosystem managen sie das DRUMHERUM perfekt.

Der Bäcker, der mein individuelles Brot nach meinen Wünschen bäckt und mir gegebenenfalls (per Drohne?) nach Hause liefert, ist super. Derjenige, der alles noch mit meinem Ernährungsberater und meiner Smartwatch abstimmt, um zu helfen, mein Ernährungsziel zu erreichen, schlägt jeden.

Alles beeinflusst alles im Ökosystem. ODER anders ausgedrückt: Jeder quatscht jedem rein!

INTERN

↗ Vertrieb quatscht der Produktion hinein – gut so!

↗ HR quatscht dem Marketing hinein – jawoll!

↗ Service quatscht dem Controlling hinein – super!

EXTERN

↗ Der Fitness-Tracker quatscht der Krankenkasse hinein (Bonus freigeben, der Typ joggt viel und hat super Vitaldaten) – gut so!

↗ Die Einlasskontrolle im Hochhaus quatscht dem Aufzug hinein (KOMM JETZT RUNTER, es wollen gleich drei in den 17. und einer in den 23. Stock) – jawoll!

↗ Die jungen Wilden der Start-ups quatschen den Damen und Herren Direktoren hinein – super!

Lassen Sie sich hineinquatschen! Quatschen Sie anderen hinein! Brechen Sie Silos auf! Werden Sie ein DRUMHERUM-MANAGER, aber immer fokussiert!

Q: Wie stark?
A: Hier eine krasse Benchmark…

Mark Zuckerberg ist bekannt dafür, jeden Tag das gleiche Outfit zu tragen. Warum, erklärte er auf einem Event: »Ich versuche, so wenige Entscheidungen wie möglich treffen zu müssen über all das, was nichts damit zu tun hat, der Community am besten dienen zu können.« Die morgendliche Kleiderwahl oder selbst des Frühstücks behindert den Fokus auf das Ziel. BAMM!

TIPP: Überlegen Sie bei allem, was Sie tun, ob es Sie näher ans Ziel bringt oder nicht! Wie ein Extrembergsteiger!

»Jetzt erst mal einen neuen Anzug kaufen!«
Wichtige Anschaffung… oder Ablenkung vom Ziel?

»Jetzt erst mal zum Business-Dinner!«
Wichtige Kontakte… oder Ablenkung vom Ziel?

»Jetzt erst mal reporten!«
Wichtige Aufgabe… oder Ablenkung vom Ziel?

Wer kann das alles: Superhelden

Probleme lieben?! Smart connected sein?! Szenarien radikalisieren?! Drumherum managen und auch noch Silos aufbrechen?! Gibt es einen, der das alles schafft? Na klar: Superhelden!

Superhelden lieben Probleme!

Böse aus dem Weltall bekämpfen? ICH MACH DAS!
U-Boot aus dem Wasser heben? ICH MACH DAS!
Katze vom brennenden Hochhaus retten? ICH MACH DAS!

Oder kennen Sie einen Superhelden, der sagt: »O je, das Flugzeug stürzt ab. Da müsste jemand hin und etwas tun…« NEIN! Superhelden gehen SELBER HIN! Superhelden suchen Probleme und LÖSEN SIE: BAMM! BAMM! BAMM!

Superhelden sind smart und connected!

Batman hat Robin. Captain America hat Iron Man, den Hulk, Hawkeye, Black Willow, Thor, Scarlet Witch… massenweise Leute, die alle EIN TEAM sind und GEMEINSAM das Böse bekämpfen. Das Besondere daran: Jeder im Team kann etwas ANDERES als jeder andere. Der eine hat einen Bogen. Die andere liest Gedanken. Der Dritte hat einen Anzug aus Stahl. ZUSAMMEN sind sie unschlagbar. Das gilt im Business für Menschen UND Wertschöpfung: Kaffee macht die MASCHINE ... connected macht der CHIP ... bereitstellen macht der LADEN ... liefern macht die DROHNE. Jeder im Team kann etwas ANDERES als jeder andere. ZUSAMMEN sind sie unschlagbar. Das ist SMART und CONNECTED ...

Superhelden radikalisieren Szenarien ohne Ende!

Superheldenfilme gehen so: Wenn der Held stirbt, stirbt die MENSCHHEIT! Radikal genug?

Superhelden managen das Drumherum!

Der Superheld will ganz normal die Welt retten. Die Bösen werfen ihm tausend Steine und Bomben in den Weg. Um ans Ziel zu kommen (Musk = Mars besiedeln), muss man sich mit dem DRUMHERUMscheiß befassen (Regularien kippen, Investoren bezirzen, Vertrauen aufbauen...). Immer platzt Unerwartetes herein: Der neue Superhelden-Anzug hat eine Fehlfunktion. Ein neuer Angriff hier, gänzlich neue Angreifer da. Dann explodiert was, oder die Bösen entführen die Geliebte. DRUMHERUMPROBLEME. Erst wenn sie aus dem Weg sind, kann das KERNPROBLEM (»Was wollten wir noch mal? Ach ja: die Welt retten!«) gelöst werden. Genau wie im Business: Wer das DRUMHERUM nicht wuppt, erreicht niemals sein Ziel.

Superhelden durchbrechen alles ... auch Silos!

Und wie machen das die Superhelden? Ganz einfach: mit Gewalt!

Superhelden sind bereit, Schmerzen zu ertragen. Kurz vor Schluss haben alle (super sexy) Blut an der Wange. Oder – wenn sie unverwundbar sind – zumindest Staub am Gewand. Superhelden geben alles.

Nur Superhelden können Wände einreißen. Nur sie halten die Schmerzen aus und schrubben freiwillig Nachtschichten.

Ein Superheld kommt selten allein!

Superhelden können manches ziemlich gut. Aber NICHT alles. Deshalb arbeiten so viele von ihnen im Team. Der eine kann fliegen, die andere kann zaubern. Zusammen können sie fliegen und zaubern. Doppelwumme eben. Was können Sie besonders? Welche neue Superkraft müssen Sie ins Team holen? Welche Power fehlt im Moment, um die Welt von morgen zu retten?

SUPERHELDEN BRECHEN SILOS BRACHIAL AUF ODER SPRENGEN SIE. SIE NEHMEN NICHT DIE FEILE!

Bauen Sie das Team JETZT auf… dann haben Sie Zeit, zu testen, zu optimieren, sich einzuspielen und neue Lücken zu erkennen.

Jeder Superheld braucht Unterstützung!

Wer die Welt rettet, muss groß denken und handeln. Quartalsergebnisse reporten gehört nicht dazu. Deshalb machen Start-ups das auch nicht. Was sie aber haben, ist UNTERSTÜTZUNG. Hilfe vom Venture Capitalist. Insights von Kunden. Support vom Chef. Wen müssen Sie um Unterstützung bitten? Wo brauchen Sie Hilfe? Was lenkt Sie von den wichtigen Aufgaben ab? Finden Sie die Antworten und fordern Sie Schritte ein. Superhelden kriegen nichts geschenkt. Und wenn Sie es nicht freiwillig bekommen, dann müssen Sie es sich nehmen!

Wer alles richtig macht, macht etwas falsch. Ihre Grenzen kennen Sie nur, wenn Sie auch mal zu weit gegangen sind. Erfolg passiert außerhalb der Komfortzone.

Superhelden brauchen fette Ziele!

Im Comic sind Superhelden eher intrinsisch motiviert. Sie retten einfach die Welt. Punkt. Im Business gibt es solche Menschen auch. Innovation und Disruption finden sie einfach geil, voll motivierend. Geld ist wichtig, aber nicht der Motor, um sich blutig zu machen, Nachtschichten zu schieben und alles andere zu vernachlässigen. Bei manchen Business-Helden ist das allerdings nicht so. Die brauchen VIEL GELD, ECHTE FIRMENANTEILE, eine fette DIENSTKARRE, den CXO-Titel etc., um ihre Super-Power zu dokumentieren. Bauen Sie das in Ihre Superheldenstrategie mit ein!

»next47 soll Start-ups einladen, mit uns zu arbeiten. Haben die eine gute Idee, finanzieren wir sie und helfen ihnen, von den Vorteilen eines Konzerns zu profitieren. Jeder Mitarbeiter hat die Möglichkeit, eine passende Idee bei next47 vorzustellen. Ist eine Idee gut, wird sie von next47 aufgenommen. Aus Siemensianern werden dann Gründer mit einem Geschäftsplan und – mit etwas Glück – der Perspektive, Millionär zu werden.«

JOE KAESER, CEO SIEMENS AG

ANHANG.

BAMM!

DIE FETTE BEUTE WARTET AUF SIE

Die BAMM!-Panzerknacker

Jetzt sind Sie schon (fast) ein echter Vulkanmanager. Eventuell leider nur »fast«, denn um ein wirklicher Vulkanmanager zu werden, müssen Sie das Gelesene natürlich umsetzen – sonst bleiben Sie Keller-Vulkanier – und das will ja niemand! Also nichts wie RAUS in die Welt! Projekte finden, für die sie BRENNEN, andere mit dem Projekt anzünden, Superheldenteam zusammenstellen, auf neueste Technologie setzen, Märkte erobern, ran an das Geld! Eigentlich genau wie – crazy Gedanke – Bankräuber!

Q: Aber darf man eine Bank ausrauben?
A: Natürlich nicht, aber man kann viel von Bankräubern lernen.

Bankräuber – zumindest im Film – stehen auf der Vulkanmanager-Skala ganz oben.

Bankräuber haben ein sehr klares Ziel:
Ran an die Kohle! Dieses Ziel kennt JEDER im Team. Dank dem Superbrain (Ihnen!) Und JEDER weiß genau, was er machen muss, um das Ziel zu erreichen. Und jeder TUT genau das, was er machen muss – auch wenn es unangenehm wird. Oder kennen Sie einen Bankräuber, der sagt: »... also bei dem harten Boden grabe ich den Tunnel nicht weiter!« NEIN! Das Ziel muss erreicht werden. Auch wenn die Hand blutet.

Bankräuber sehen die Probleme

und konzentrieren sich auf die Lösung! Oder kennen Sie Bankräuber, die sagen: »Oh, das Geld ist in einem Hochsicherheitssafe mit Lasertracking? Das schaffen wir nie.« NEIN! Bankräuber denken immer: Hochsicherheitssafe, da hilft Pierre! Lasertracking… da helfen Spiegel.

Bankräuber bauen ein Team aus besten Spezialisten

und nutzen neueste Technologie. Bankräuber waren die Ersten, die (damals) Maschinengewehre einsetzten, die Ersten, die (damals) Google Glass einsetzten. Oder kennen Sie Bankräuber, die sagen: »Lass uns warten, ob sich das durchsetzt. Und wenn ja, dann bilden wir ein Gremium, das prüft, ob ein automatisches Gewehr auch was für uns wäre.« NEIN! Neues nutzen: Wenn Sie einen Schritt voraus sind, sind die anderen einen Schritt hinterher. Und das kann im Bankraub (wie im Business) alles entscheiden!

Bankräuber arbeiten in einem massiv V-olatilen Umfeld.

Bankräuber 1: »Mist… die haben eine neue Wand gebaut.«
Also: FLEXIBEL sein, umdenken, Szenarien radikalisieren.
Bankräuber 2: »Na und… Pierre hat noch TNT…«

Bankräuber lieben U-ngewissheit.

Bankräuber 1: »Da sind sicher keine Tretminen…«
BAMM!
Bankräuber 2: »Lass ihn liegen…«
Das gehört zum Berufsrisiko.

Bankräuber sind super L-iquide.

Bankräuber 1: »Kennen wir jemanden in dieser Stadt?«
Bankräuber 2: »Wir haben ÜBERALL Freunde.«

Sie stecken viel Energie in die Struktur. So viel, dass sie mindestens flüssig, im Idealfall aber »gasförmig« – und deshalb überall – sind.

K-ooperation ist der Kern jedes Bankraubs!

Bankräuber 1: »Wo können wir den Wagen loswerden?«
Bankräuber 2: »Da vorne… die Müllpresse kooperiert mit uns.«

Jedes Detail ist wichtig. Jede NEBENSACHE ist zentral!

Jeder Bankraub ist A-nders!
Bankräuber 1: »Ich dachte, die haben einen Safe mit drei Kombinationen!«
Bankräuber 2: »Bis jetzt!«

Und N-arzisstisch sind Bankräuber sowieso alle.
Deshalb werden Sie von den bestaussehendsten Hollywoodstars dargestellt.

Bankräuber sind wie (illegale) Vulkanmanager. Aber Sie wollen ja LEGALER Vulkanmanager sein! Und das geht so…

Machen Sie es wie die Bankräuber ...

Klares Ziel!
Bestes Team!
Neueste Tech!

Und brennen Sie
voll für die Aufgabe!

V = Volatil
U = Ungewiss
L = Liquide
K = Kooperativ
A = Anders
N = Narzisstisch

Das BAMM!-Übungsheft: Wie werde ich Vulkanmanager?

Vulkanmanager MACHEN! Sie üben, fallen, stehen auf, machen weiter. Vulkanmanager gehen an die Grenzen und weiten diese auf. Vulkanmanager sind neugierig. Denn sie wissen:

Es kommt nicht darauf an, wo ich bin ... sondern, wo ich hingehe.

WAS SICH VULKANMANAGER STÄNDIG FRAGEN

↗ Was habe ich heute richtig gemacht?

↗ Was habe ich heute richtig falsch gemacht?

↗ Was habe ich gemacht, um es morgen besser zu machen?

↗ Welche Probleme habe ich heute als CHANCE erkannt?

↗ Welche Probleme habe ich heute UNIQUE gelöst?

↗ Was habe ich gemacht, um neue LÖSUNGEN zu vermarkten?

↗ Welche Probleme habe ich heute als UNLÖSBAR erkannt?

↗ Was habe ich gemacht, um für das Unlösbare doch Lösungen zu finden?

↗ Wie bin ich durch Weitermachen, Nichtaufgeben, Dranbleiben stärker geworden?

↗ Welche Probleme habe ich heute als ZUKÜNFTIG relevant erkannt?

↗ Was habe ich gemacht, um echte Lösungen anzuschieben?

↗ Wie habe ich durch Vordenken, Querdenken, Neudenken mich und meine Firma vorbereitet, querbereitet (ausgeweitet/drumherum gemanagt), neubereitet (umpositioniert/neues Geschäftsmodell)?

↗ Welche Trends habe ich heute ins Unternehmen gebracht?

↗ Was habe ich gemacht, um andere mit diesen Trends anzuzünden?

↗ Welche neuen Dinge habe ich heute gelernt?

↗ Welche neuen Dinge habe ich heute anderen beigebracht?

↗ Was tue ich morgen, um das neu Gelernte in mein Leben/
mein Unternehmen zu integrieren?

↗ Welche alten Regeln habe ich heute gebrochen?

↗ Welche neuen Regeln habe ich heute gemacht?

↗ Was tue ich morgen, um die neuen Regeln in mein Leben/
mein Unternehmen zu integrieren?

↗ Wofür BRENNE ich heute?

↗ Wofür MUSS ich morgen BRENNEN?

↗ Welche Superhelden hätte ich heute neu in meinem Team
gebraucht, um noch heißer zu werden?

↗ Was habe ich heute gemacht, um an die heranzukommen?

↗ Welche Superhelden brauche ich morgen neu in meinem Team,
um noch heißer zu werden?

↗ Was habe ich heute gemacht, um sie zu finden?

Danke für Ihre Zeit. Jetzt heißt es: MACHEN!
BAMM! BAMM! BAMM!

Reiseführer

SMART LINKS

Und wenn Sie jetzt denken:
Arghhh, ich muss raus!
Hier der BAMM!-Reiseführer
mit erstklassigen Disruptions-
destinationen in D-A-CH

↗ Unternehmen aus D-A-CH rocken! Wir sind für Sie im BAMM!-Express rumgefahren und haben echt viele Innovatoren, brodelnde Vulkane gefunden. Vielleicht auch Ihres? Check it out!

B

**DAS BUCH IST ZU ENDE,
ABER JETZT GEHT ES ERST LOS!**

**AM BESTEN IM TEAM!
MIT GLEICHGESINNTEN!
MIT INNOVATIONSTREIBERN!
MIT NEU-GIERIGEN!**

Werden Sie jetzt Mitglied im BAMM!-Manager-Club!
Jetzt anmelden auf bamm-institut.com

Promo-Code: VULKAN

*das modernste Manager-Ökosystem in D-A-CH. Exklusiv vom BAMM! Institut

AMM!
INSTITUT

BERLIN
WIEN
ZÜRICH